北　京　大　学　物　理　学　丛　书

The Series of Advanced Physics of Peking University

北 京 大 学 物 理 学 丛 书

群论和量子力学中的对称性

朱洪元 著

北京大学出版社
PEKING UNIVERSITY PRESS

图书在版编目(CIP)数据

群论和量子力学中的对称性/朱洪元著. —北京：北京大学出版社，2009.2
(北京大学物理学丛书)
ISBN 978-7-301-14547-0

Ⅰ. 群…　Ⅱ. 朱…　Ⅲ. ①群论②量子力学-对称　Ⅳ. O152　O413.1

中国版本图书馆 CIP 数据核字(2009)第 005958 号

书　　　名：群论和量子力学中的对称性
著作责任者：朱洪元　著
责 任 编 辑：顾卫宇
封 面 设 计：锦绣东方
标 准 书 号：ISBN 978-7-301-14547-0/O・0770
出 版 发 行：北京大学出版社
地　　　址：北京市海淀区成府路 205 号　100871
网　　　址：http://www.pup.cn　电子信箱：zpup@pup.pku.edu.cn
电　　　话：邮购部 62752015　发行部 62750672　编辑部 62752038
　　　　　　出版部 62754962
印　刷　者：三河市北燕印装有限公司
经　销　者：新华书店
　　　　　　730 毫米×980 毫米　16 开本　10 印张　150 千字
　　　　　　2009 年 2 月第 1 版　2024 年 7 月第 5 次印刷
定　　　价：30.00 元

前　　言

物理学是自然科学的基础，是探讨物质结构和运动基本规律的前沿学科。几十年来，在生产技术发展的要求和推动下，人们对物理现象和物理学规律的探索研究不断取得新的突破。物理学的各分支学科有着突飞猛进的发展，丰富了人们对物质世界物理运动基本规律的认识和掌握，促进了许多和物理学紧密相关的交叉学科和技术学科的进步。物理学的发展是许多新兴学科、交叉学科和新技术学科产生、成长和发展的基础和前导。

为适应现代化建设的需要，为推动国内物理学的研究、提高物理教学水平，我们决定推出《北京大学物理学丛书》，请在物理学前沿进行科学研究和教学工作的著名物理学家和教授对现代物理学各分支领域的前沿发展做系统、全面的介绍，为广大物理学工作者和物理系的学生进一步开展物理学各分支领域的探索研究和学习，开展与物理学紧密相关的交叉学科和技术学科的研究和学习提供研究参考书、教学参考书和教材。

本丛书分两个层次。第一个层次是物理系本科生的基础课教材，这一教材系列，将几十年来几代教师，特别是在北京大学教师的教学实践和教学经验积累的基础上，力求深入浅出、删繁就简，以适于全国大多数院校的物理系使用。它既吸收以往经典的物理教材的精华，尽可能系统地、完整地、准确地讲解有关的物理学基本知识、基本概念、基本规律、基本方法；同时又注入科技发展的新观点和方法，介绍物理学的现代发展，使学生不仅能掌握物理学的基础知识，还能了解本学科的前沿课题和研究动向，提高学生的科学素质。第二个层次是研究生教材、研究生教学参考书和专题学术著作。这一系列将集中于一些发展迅速、已有开拓性进展、国际上活跃的学科方向和专题，介绍该学科方向的基本内容，力求充分反映该学科方向国内外前沿最新进展和研究成果。学术专著首先着眼于物理学的各分支学科，然后再扩展到与物理学紧密相关的交叉学科。

愿这套丛书的出版既能使国内著名物理学家和教授有机会将他们的累累硕果奉献给广大读者，又能对物理的教学和科学研究起到促进和推动作用。

《北京大学物理学丛书》编辑委员会

1997 年 3 月

序

本书作者朱洪元先生是著名的理论物理学家、教育家，1939 年毕业于上海同济大学，1948 年获英国曼彻斯特大学哲学博士学位，曾先后任中国科学院近代物理研究所研究员、原子能研究所理论研究室主任，苏联杜布纳联合核子研究所高级研究员，中国科学院高能物理研究所研究员、理论物理研究室主任、副所长、学术委员会主任等职，兼任中国科学技术大学教授、理论物理专业主任、近代物理系主任。1980 年当选中国科学院院士(当时称中国科学院学部委员)。曾被选为中国物理学会常务理事、中国高能物理学会副理事长，曾任《高能物理与核物理》主编。

朱洪元学识渊博、造诣深厚、治学严谨。他在理论物理学的各个领域，特别是在场论和粒子物理理论等方面具有很深的造诣和贡献。他首创研究和给出了同步辐射的基本性质，是同步辐射应用的基本参考文献；研究相对论性强子的结构模型理论，采用系统的方法，在对称性分析的基础上，对强子的静态性质和相互作用、运动转化过程进行探讨，发表学术论文。1957 年朱洪元在北京大学讲授“量子场论”课程，次年在青岛的量子场论讲习班上讲授量子场论，这两次的讲稿整理后撰写为《量子场论》在 1960 年出版，成为中国几代粒子物理学者的主要教科书和研究工作参考书。朱洪元从事科学研究和教学工作四十余年，培养了大批物理学工作者，为发展中国科学与教育事业做出了卓越贡献，他的学生遍及国内外。

《群论和量子力学中的对称性》是上一世纪 60 年代，朱洪元在中国科学技术大学近代物理系讲授群论课程时的教案，是朱洪元的精心之作。本书不是纯数学的群论教材，而是一本物理学探索研究所用的群论教材，取材和写法与一般的群论书不同，有四个特点：

第一，有高度的科学性、系统性和完整性，对群和群表示论的基本内容进行系统的、科学的、严谨的、完整的阐述。

第二，着重深入讲解物理中重要的旋转群和洛伦兹群及它们的表示，并使理论的数学表述紧密联系物理内容。

第三，介绍了在群论基础上物理学中的对称性分析。

第四，书中讲解严谨，由浅入深，适合深入教学的需要。

本书是一本大学物理系本科生、研究生和教师很好的教材和参考书，也是一本具有很高学术水平的专著。

北京大学物理学院

高崇寿

2007 年 10 月 5 日

整理和出版说明

1962 年朱洪元先生特为中国科学技术大学近代物理系大学本科四年级理论专业开设专业基础课“群论”，历时一学期。当时阮图南教授尚是一名助理研究员，被朱洪元先生邀请来担任辅导教师，而我是本科班上的一名学生。朱洪元先生学风严谨，为课程精心准备了讲义，并要求阮图南负责刻蜡版油印，必须做到课程的讲义按章节提前发到每位学员手上，这样课程结束后每位学生手上都有了一份这门课的完整讲义。尽管朱洪元先生这样重视，认真负责地教学，但由于种种原因，这门群论课他仅仅教了一次，此后再没有教过。

在朱洪元先生病逝后，在他离开了我们的日子里，每逢阮图南教授和我两个人有机会遇到一起时，总是情不自禁地回忆起当年朱洪元先生的那段授课，欣赏先生课程的精彩、简练和对初学者的启蒙。我们深感先生课程的取材及内容的安排，有其独到之处，深感当前图书市场上难于找到与先生讲义有类似优点的图书。例如：朱先生为正式讲群表示理论做准备，紧接在引言之后极其扼要地增加了“线性变换”一章；选择了旋转群作为重点，介绍群表示的乘积、分解，用了一章的篇幅介绍旋转群表示的应用，使学生对在量子力学中已经熟悉的角动量理论有更加深入理解，也为如何将群论应用到理论物理相关问题做出了范例；在书的最后一章非常简洁地介绍了洛伦兹群及其表示。值得指出的是，书中基于二分量旋量建立洛伦兹群的各种表示的部分，可以作为学习现代场论，建立超对称理论阶段的必要的知识准备。例如，把标量场和一个 Weyl 或Mjorana二分量的费米子场紧密联系在一起构造超对称理论的“手征超场”，把标量场、二分量的 Weyl 或 Mjorana 费米子场和矢量场紧密联系在一起构造“矢量超场”等都要用到这些知识；而利用“超场”来表述理论的超对称性具有极大的优越性。

十分庆幸，几年前在整理旧物过程中，发现了一份完整的当年这门群论课的油印讲义。因此，在征得朱洪元夫人陈凯瑞女士的同意后，阮图南教授与我一起决定根据这份油印讲义将朱洪元先生的课程内容按原貌整理出来，定名为《群论和量子力学中的对称性》，作为教学参考书正式出版。一方面，我们以此纪念朱洪元先生；另一方面，也是为理论物理入门者在修习群论基础课，理解群理论对理论物理的意义时，提供一本对他们十分有裨益的书。

由于朱洪元先生已经于十多年前离开我们，他本人不能对这本即将出版的著作再做任何补充、修改，也不能对书稿的整理做任何工作和指导，因此阮图南教授和我经过认真思考，决定在整理成书的过程中，第一原则是忠实地反映先生的群论讲义的原来面貌，尽量保持先生课程的“原汁原味”。在整理时，除了纠正讲义中的笔误、把其中的符号做得更加前后统一，并且在可能的情况下使所用的符号和名词与近年来人们的习惯更加一致之外，我们不做任何补充和修改。

在我们整理讲义成书的过程中，陈凯瑞女士亦从朱洪元先生的遗物中找到了当年讲义的手稿，并提供给我们使用。手稿比当年油印的讲义清楚多了，对我们的整理工作有很大帮助。

万分不幸的是，在整理工作完成，正在筹备出版本书时，阮图南教授由于癌症突发，不治而离我们而去。因此，本书的最后校正工作由阮图南教授的学生张鹏飞老师和我二人共同完成。

张肇西

2007 年 10 月 5 日

目　　录

第一章　引　　言

§1.1　物理规律的对称性质和守恒定律

物理现象的许多规律常常具有一些对称性质. 即使我们对于规律的其它方面的具体内容还不知道,从这些对称性质出发,已经可以推导出一些重要的结论. 从一种对称性质,就可以推导出一种守恒定律. 例如,从物理规律对于坐标移动具有不变性,可以推导出动量守恒定律和能量守恒定律;从物理规律对于坐标的转动具有不变性,可以推导出角动量守恒定律.

试以经典力学为例. 有 n 个质点彼此相互作用,它们的运动规律可以从一个拉氏函数

$$L(\boldsymbol{x}^{(1)},\cdots,\boldsymbol{x}^{(n)},\dot{\boldsymbol{x}}^{(1)},\cdots,\dot{\boldsymbol{x}}^{(n)}) \tag{1.1}$$

推导出来. 其中 $\boldsymbol{x}^{(l)}$ 和 $\dot{\boldsymbol{x}}^{(l)}=\frac{\mathrm{d}\boldsymbol{x}^{(l)}}{\mathrm{d}t}$ 代表第 l 个粒子的坐标和速度,为了写起来方便,在此我们已经把坐标和速度的三个分量合并起来以一个符号 $\boldsymbol{x}$ 或 $\dot{\boldsymbol{x}}$ 来代表. 物理规律使粒子运动的轨道满足

$$\delta\left[\int_{t_a}^{t_b}\mathrm{d}t\,L\right]=0, \tag{1.2}$$

记号 δ 代表对粒子运动轨道的任何微小的变动,但在运动端点 t_a 和 t_b,粒子的坐标不作变动.

从(1.2)式可得:

$$\begin{aligned}\int_{t_a}^{t_b}\mathrm{d}t\delta L&=\int_{t_a}^{t_b}\mathrm{d}t\sum_{l,i}\left\{\frac{\partial L}{\partial x_i^{(l)}}\delta x_i^{(l)}+\frac{\partial L}{\partial \dot{x}_i^{(l)}}\delta \dot{x}_i^{(l)}\right\}\\&=\int_{t_a}^{t_b}\mathrm{d}t\sum_{l,i}\delta x_i^{(l)}\left\{\frac{\partial L}{\partial x_i^{(l)}}-\frac{\mathrm{d}}{\mathrm{d}t}\left(\frac{\partial L}{\partial \dot{x}_i^{(l)}}\right)\right\}\quad (l=1,2,\cdots,n;i=1,2,3),\end{aligned} \tag{1.3}$$

其中 i 用来代表坐标或速度的三个不同的分量.

由于 $\partial x_i^{(l)}$ 是任意的,从(1.3)式得到如下的拉氏运动方程:

$$\frac{\partial L}{\partial x_i^{(l)}}-\frac{\mathrm{d}}{\mathrm{d}t}\left(\frac{\partial L}{\delta \dot{x}_i^{(l)}}\right)=0. \tag{1.4}$$

力学运动规律的对称性质反映在拉氏函数的对称性质中.例如,由于空间的均匀性,物理规律的形式对于坐标平行移动具有不变性,这种性质由拉氏函数 L 对于坐标的移动具有不变性体现.亦即

$$L(\boldsymbol{x}^{(1)'},\cdots,\boldsymbol{x}^{(n)'},\dot{\boldsymbol{x}}^{(1)'},\cdots,\dot{\boldsymbol{x}}^{(n)'}) = L(\boldsymbol{x}^{(1)},\cdots,\boldsymbol{x}^{(n)},\dot{\boldsymbol{x}}^{(1)},\cdots,\dot{\boldsymbol{x}}^{(n)}), \tag{1.5}$$

这里

$$x_i^{(l)'}=x_i^{(l)}+\delta x_i.$$

从(1.5)式可得

$$\sum\left\{\frac{\partial L}{\partial x_i^{(l)}}\delta x_i^{(l)}+\frac{\partial L}{\partial \dot{x}_i^{(l)}}\delta\dot{x}_i^{(l)}\right\}=0. \tag{1.6}$$

由于

$$\frac{\mathrm{d}x_i^{(l)'}}{\mathrm{d}t}=\frac{\mathrm{d}x_i^{(l)}}{\mathrm{d}t}+\frac{\mathrm{d}\delta x_i}{\mathrm{d}t}=\frac{\mathrm{d}x_i^{(l)}}{\mathrm{d}t},\quad \delta x_i^{(l)}=\delta x_i,\quad \delta\dot{x}_i^{(l)}=\frac{\mathrm{d}x_i^{(l)'}}{\mathrm{d}t}-\frac{\mathrm{d}x_i^{(l)}}{\mathrm{d}t}=0, \tag{1.7}$$

并利用运动方程(1.4),可得

$$\sum_i\delta x_i\sum_l\frac{\mathrm{d}}{\mathrm{d}t}\frac{\partial L}{\partial \dot{x}_i^{(l)}}=0. \tag{1.8}$$

由于 δx_i 是任意的和彼此独立的,故若 $p_i^{(l)}=\dfrac{\partial L}{\partial \dot{x}_i^{(l)}}$,有

$$\frac{\mathrm{d}p_i}{\mathrm{d}t}=0\quad(i=1,2,3),\quad p_i=\sum_l p_i^{(l)}, \tag{1.9}$$

(1.9)式就是动量守恒定律.

又例如,由于时间的均匀性,物理规律的形式对于时间坐标的移动具有不变性.这种性质表现为拉氏函数不是时间 t 的显函数.于是有

$$\frac{\mathrm{d}L}{\mathrm{d}t}=\sum_{l,i}\left\{\frac{\partial L}{\partial x_i^{(l)}}\dot{x}_i^{(l)}+\frac{\partial L}{\partial \dot{x}_i^{(l)}}\ddot{x}_i^{(l)}\right\}, \tag{1.10}$$

其中 $\ddot{x}_i^{(l)}=\dfrac{\mathrm{d}\dot{x}_i^{(l)}}{\mathrm{d}t}$.若 $H=\sum\limits_{l,i}p_i^{(l)}\dot{x}_i^{(l)}-L$,利用运动方程(1.4)可得

$$\frac{\mathrm{d}H}{\mathrm{d}t}=0. \tag{1.11}$$

(1.11)式就是能量守恒定律.

再例如,由于空间的各向同性,物理规律的形式对于坐标的转动具有不变性,这种性质由拉氏函数 L 对于坐标转动具有不变性体现.亦即

$$L(\boldsymbol{x}^{(1)'},\cdots,\boldsymbol{x}^{(n)'},\dot{\boldsymbol{x}}^{(1)'},\cdots,\dot{\boldsymbol{x}}^{(n)'})=L(\boldsymbol{x}^{(1)},\cdots,\boldsymbol{x}^{(n)},\dot{\boldsymbol{x}}^{(1)},\cdots,\dot{\boldsymbol{x}}^{(n)}), \tag{1.12}$$

这里

$$x_i^{(l)'}=\sum_k a_{ik}x_k^{(l)},\qquad \dot{x}_i^{(l)'}=\sum_k a_{ik}\dot{x}_k^{(l)},$$

其中 a_{ik} 满足下列正交条件和幺模条件：

$$\left.\begin{aligned}&\sum_i a_{ik}a_{ij} = \delta_{kj},\\&\sum_k a_{ik}a_{jk} = \delta_{ij},\\&\begin{vmatrix}a_{11} & a_{12} & a_{13}\\a_{21} & a_{22} & a_{23}\\a_{31} & a_{32} & a_{33}\end{vmatrix} = 1.\end{aligned}\right\}\tag{1.13}$$

我们将坐标作无穷小的转动.令

$$a_{ik} = \delta_{ik} + \varepsilon_{ik},\tag{1.14}$$

其中 ε_{ik} 为一阶无穷小量.那么从(1.13)式可得

$$\begin{aligned}\delta_{ij} &= \sum_n (\delta_{ik} + \varepsilon_{ik})(\delta_{jk} + \varepsilon_{jk})\\&= \delta_{ij} + \varepsilon_{ij} + \varepsilon_{ji},\end{aligned}\tag{1.15}$$

其中我们略去了二阶无穷小项.从(1.15)式得

$$\varepsilon_{ij} = -\varepsilon_{ji}.\tag{1.16}$$

从(1.12)式可得，在无穷小转动中

$$\left.\begin{aligned}\delta x_i^{(l)} &= x_i^{(l)'} - x_i^{(l)} = \sum_j \varepsilon_{ij} x_j^{(l)},\\\delta \dot{x}_i^{(l)} &= \dot{x}_i^{(l)'} - \dot{x}_i^{(l)} = \sum_j \varepsilon_{ij} \dot{x}_j^{(l)}.\end{aligned}\right\}\tag{1.17}$$

从(1.12)和(1.17)式可得

$$\sum_{l,i}\left\{\frac{\partial L}{\partial x_i^{(l)}}\delta x_i^{(l)} + \frac{\partial L}{\partial \dot{x}_i^{(l)}}\delta \dot{x}_i^{(l)}\right\} = 0.\tag{1.18}$$

利用运动方程(1.4)和(1.17)，得

$$\sum_{l,i,j}\varepsilon_{ij}\left\{\frac{\mathrm{d}}{\mathrm{d}t}\left[\frac{\partial L}{\partial \dot{x}_i^{(l)}}x_j^{(l)}\right] + \frac{\partial L}{\partial \dot{x}_i^{(l)}}\cdot \dot{x}_j^{l}\right\} = \frac{\mathrm{d}}{\mathrm{d}t}\left\{\sum_{l,i,j}\varepsilon_{ij}x_j^{(l)}p_i^{(l)}\right\}.\tag{1.19}$$

利用(1.16)式并考虑到 ε_{12}，ε_{23}，ε_{31} 的任意性和相互独立性，可得

$$\frac{\mathrm{d}M_i}{\mathrm{d}t} = 0 \quad (i = 1,2,3), \qquad \text{当}\ \boldsymbol{M} = \sum_l [\boldsymbol{x}^{(l)} \times \boldsymbol{p}^{(l)}].\tag{1.20}$$

(1.20)式就是角动量守恒定律.

从上面这些例子可以看到，我们有可能不知道物理规律的许多具体内容，或即使知道了具体的运动方程，也由于问题的复杂性，一时难于得到运动方程的解；然而我们可以从物理规律的对称性质直接推导出一系列十分

重要的守恒定律.

知道了物理规律的对称性质,我们还可以从运动方程的一个解推导出许多其它的解.例如,若

$$x_i^{(l)}(t) \quad (l=1,2,\cdots,n;i=1,2,3) \tag{1.21}$$

是运动方程的一个解,假使运动方程对于坐标转动具有不变性,那么所有各套

$$\left.\begin{aligned} & x_i^{(l)}(t) \quad (l=1,2,\cdots,n;i=1,2,3), \\ & x_i^{(l)\prime}(t)=\sum_j a_{ij} x_j^{(l)}(t) \end{aligned}\right\} \tag{1.22}$$

都是运动方程的解.其中 a_{ij} 为任何一套满足正交关系和幺模条件(1.13)式的系数.如果运动方程对于坐标反射具有不变性,那么

$$x_i^{(1)\prime}(t)=-x_i^{(l)}(t) \quad (l=1,2,\cdots,n;i=1,2,3) \tag{1.23}$$

也是运动方程的解.

§1.2 物理规律的对称性质和量子力学

物理规律的对称性质不仅对研究经典力学问题有很大的意义,对于研究量子力学中的问题也有重要的意义.在比较复杂的微观物理问题中求相应的波动方程的解是十分困难的.利用物理规律的对称性质,可以对于许多问题得到定性的解释;在一些特殊的情况下,甚至可以得到一些定量的结果.

在量子力学中.对称性和守恒定律之间同样地存在着如§1.1中所指出的密切关系.如所周知,标志不同定态的量子数其实就是守恒量的本征值,或和守恒量的本征值相联系.以氢原子的定态为例.它们由一套量子数

$$n,j,l,m \tag{1.24}$$

标志.其中,n 和能量 E_n 相联系,

$$E_n=-\frac{\alpha^2 \mu c^2}{2n^2}, \tag{1.25}$$

这里 $\alpha=\frac{e^2}{\hbar c}\approx\frac{1}{137}$是精细结构常数,$\mu$ 是电子的质量;j 和总角动量 J 相联系:

$$J^2=j(j+1)\hbar^2; \tag{1.26}$$

l 和轨道角动量 L 相联系:

$$L^2 = l(l+1)\hbar^2; \tag{1.27}$$

m 和总角动量在 z 轴方向的分量 J_z 相联系：

$$J_z = m\hbar. \tag{1.28}$$

所有这些都是守恒量.由此可见,对称性质对于定态及其相应的波函数的分类的重要意义.

对称性质能够帮助我们从薛定谔定态波动方程的一个解推导出其它一些解.例如,设

$$\psi(\boldsymbol{x}^{(1)},\cdots,\boldsymbol{x}^{(n)}) \tag{1.29}$$

是定态波动方程的一个解.如果波动方程对于坐标转动具有不变性,那么

$$\phi(\boldsymbol{x}^{(1)},\cdots,\boldsymbol{x}^{(n)}) = \psi(\boldsymbol{x}^{(1)'},\cdots,\boldsymbol{x}^{(n)'}), \quad x_i^{(l)'} = \sum_j a_{ij} x_j^{(l)} \tag{1.30}$$

也是波动方程的解.其中 a_{ij} 为任何一套满足条件(1.13)的系数.可以用氢原子的波动方程来说明问题.如果我们不考虑自旋的效应,那么波动方程是

$$\left\{-\frac{\hbar^2}{2\mu}\Delta - \frac{e^2}{r}\right\}\psi(\boldsymbol{x}) = E\psi(\boldsymbol{x}), \tag{1.31}$$

其中 $\Delta\equiv\left(\frac{\partial^2}{\partial x_1^2}+\frac{\partial^2}{\partial x_1^2}+\frac{\partial^2}{\partial x_3^2}\right)$,$r=\sqrt{x_1^2+x_2^2+x_3^2}$,$\psi(\boldsymbol{x})$为一个满足上述方程的解.如果我们进行一个变换

$$x_i = \sum_j a_{ij} x'_j, \tag{1.32}$$

其中系数 a_{ij} 满足(1.13)式中的正交和幺模条件,那么方程(1.31)就变换为

$$\left\{-\frac{\hbar^2}{2\mu}\Delta' - \frac{e^2}{r'}\right\}\phi(\boldsymbol{x}') = E\phi(\boldsymbol{x}'), \quad \phi(\boldsymbol{x}') \equiv \psi(\boldsymbol{x}), \tag{1.33}$$

$\phi(x)$也是原来的波动方程(1.31)的解.之所以得到这样结果的根本原因是哈密顿量

$$\begin{aligned} H &= -\frac{\hbar^2}{2\mu}\Delta - \frac{e^2}{r} \\ &= -\frac{\hbar^2}{2\mu}\left(\frac{\partial^2}{\partial x_1^2} + \frac{\partial^2}{\partial x_2^2} + \frac{\partial^2}{\partial x_3^2}\right) - \frac{e^2}{r}, \end{aligned} \tag{1.34}$$

对于坐标转动(1.32)式具有不变性.

例如：

$$\psi = \frac{1}{4\sqrt{2\pi}}\frac{e^{-\frac{r}{2a_0}}}{a_0^{5/2}}x_3, \quad a_0 = \frac{\hbar^2}{\mu e^2}, \tag{1.35}$$

如果令坐标系的 x_2 轴顺时针方向转$\frac{\pi}{2}$,则在电子的原坐标 x_1, x_2, x_3 和新坐标 x_1', x_2', x_3'之间存在着如下的转换关系:

$$x_1 = -x_3', \quad x_2 = x_2', \quad x_3 = x_1', \tag{1.36}$$

以此代入(1.35)式,可知

$$\frac{1}{4\sqrt{2\pi}} \frac{e^{-\frac{r}{2a_0}}}{a_0^{2/5}} x_1 \tag{1.37}$$

也是氢原子的定态波函数,其相应的能量本征值和(1.34)式的能量本征值一样. 同样地,如果令坐标系的 x_1 轴顺时针方向转$\frac{\pi}{2}$,可以证明

$$\frac{1}{4\sqrt{2\pi}} \frac{e^{-\frac{r}{2a_0}}}{a_0^{2/5}} x_2 \tag{1.38}$$

也是氢原子的定态波函数,其相应的能量本征值和(1.34),(1.37)式相应的一样.

从以上的讨论可见,物理规律的对称性质将属于同一能量本征值的不同波函数联系起来. 因此利用对称性质,不仅可以说明定态的分类,还可以阐明它们之间的联系.

因此,如果一个物理系统受到扰动的影响而变化,我们可以利用扰动哈密顿量的对称性质来研究定态及其波函数的分类和彼此间的联系经过扰动将起怎样的变化. 例如,利用扰动能的对称性质,可以研究原来退化的能级是否将分裂,分裂后的能级间距等等问题.

既然物理规律的对称性质和守恒定律之间有密切的关系,对称性质和跃迁过程的规律性之间当然也有密切的联系. 利用这些对称性质可以说明为什么有些跃迁过程是可能进行的,而有些跃迁过程是不可能进行的. 换句话说,利用对称性质可以阐明或发现跃迁过程的选择定则. 在一些特殊的情况下,甚至可以利用对称性质对跃迁几率作定量的讨论.

所有以上的讨论都说明了物理规律的对称性质对阐明量子力学过程的许多规律性有很大的意义.

§1.3 群论,群表示理论和对称性质

物理规律的某种对称性质在数学形式上表现为拉氏函数或哈密顿量对

于某一类变换具有不变性. 每一类变换常常形成一个数学中所定义的“群”. 因此数学中的“群论”就自然成为研究物理规律对称性质的数学工具.

从数学形式上看来，量子力学中的物理问题是数学希尔伯特（Hilbert）空间中的矢量和算子问题. 量子力学对应物理态的波函数由希尔伯特空间中的矢量来反映，量子力学的观测量由希尔伯特空间中的线性变换算子来反映；与算子相应的线性变换矩阵构成“群的表示”. 因此数学中的“群表示理论”是量子力学中研究对称性问题特别适宜的数学工具.

在以后各章中，我们将分别介绍：线性变换的理论、抽象的群的理论、群表示的理论以及这些理论在量子力学中的应用.

第二章　线 性 变 换

§2.1　矢量、空间和坐标系

我们称一组 n 个数$(x_1, x_2, \cdots, x_n)$为一个 n 维空间中的矢量，或简称为 n 维矢量. 为了书写方便，我们用一个符号 $\boldsymbol{x}$ 代表一个矢量.

两个矢量 $\boldsymbol{x}$ 和 $\boldsymbol{y}$ 称为相等，是当

$$x_i = y_i \quad (i = 1, 2, \cdots, n); \tag{2.1}$$

为了方便，我们将等式组(2.1)式简写为

$$\boldsymbol{x} = \boldsymbol{y}. \tag{2.2}$$

我们称矢量 $\boldsymbol{z}$ 为矢量 $\boldsymbol{x}$ 和 $\boldsymbol{y}$ 的和，当

$$z_i = x_i + y_i \quad (i = 1, 2, \cdots, n); \tag{2.3}$$

(2.3)式可以简写为

$$\boldsymbol{z} = \boldsymbol{x} + \boldsymbol{y}. \tag{2.4}$$

显然，矢量的加法满足如下的对易律和结合律：

$$\left.\begin{aligned} \boldsymbol{x} + \boldsymbol{y} &= \boldsymbol{y} + \boldsymbol{x}, \\ (\boldsymbol{x} + \boldsymbol{y}) + \boldsymbol{z} &= \boldsymbol{x} + (\boldsymbol{y} + \boldsymbol{z}), \end{aligned}\right\} \tag{2.5}$$

因此我们可以将(2.5)第二式的等号两端都简写为

$$\boldsymbol{x} + \boldsymbol{y} + \boldsymbol{z}. \tag{2.6}$$

我们以符号 $\boldsymbol{0}$ 表示矢量$(0, 0, 0, \cdots, 0)$，称为零矢量. 显然有

$$\boldsymbol{0} + \boldsymbol{x} = \boldsymbol{x}. \tag{2.7}$$

设矢量 $\boldsymbol{x}$ 和 $\boldsymbol{y}$ 之间存在着如下的关系：

$$y_i = c x_i \quad (i = 1, 2, \cdots, n), \tag{2.8}$$

其中 c 为一个数，那么我们称矢量 $\boldsymbol{y}$ 为矢量 $\boldsymbol{x}$ 和数 c 之间的乘积. 并可将(2.8)式简写为

$$\boldsymbol{y} = c\boldsymbol{x}. \tag{2.9}$$

矢量和数之间的乘法显然满足如下的分配律和结合律：

$$\left.\begin{aligned}(c+d)\boldsymbol{x}&=c\boldsymbol{x}+d\boldsymbol{x},\\ c(\boldsymbol{x}+\boldsymbol{y})&=c\boldsymbol{x}+c\boldsymbol{y},\\ c(d\boldsymbol{x})&=(cd)\boldsymbol{x}.\end{aligned}\right\}\tag{2.10}$$

此外显然有

$$\left.\begin{aligned}0\cdot\boldsymbol{x}&=\boldsymbol{0},\\ 1\cdot\boldsymbol{x}&=\boldsymbol{x}.\end{aligned}\right\}\tag{2.11}$$

我们称下列一组 n 个矢量

$$\left.\begin{aligned}\boldsymbol{e}_1&=(1,0,0,\cdots,0),\\ \boldsymbol{e}_2&=(0,1,0,\cdots,0),\\ &\vdots\\ \boldsymbol{e}_n&=(0,0,0,\cdots,1)\end{aligned}\right\}\tag{2.12}$$

为 n 维空间中一个坐标系的基矢.任何这一空间中的矢量 $\boldsymbol{x}=(x_1,x_2,\cdots,x_n)$ 可以写为如下的形式:

$$\boldsymbol{x}=\sum_i x_i\boldsymbol{e}_i,\tag{2.13}$$

x_i 称为矢量 $\boldsymbol{x}$ 在这一坐标系中的第 i 个分量.

§ 2.2　线性变换和矩阵

我们称一个变换为线性变换,当新变量 $y_1,y_2,\cdots,y_n$ 是老变量 $x_1,x_2,\cdots,x_n$ 的齐次线性函数:

$$y_i=\sum_j a_{ij}x_j.\tag{2.14}$$

在以后为了书写方便,我们约定,当某一个标符在一个表式中出现两次时,这就意味着将这一表式按这一标符求和.按照这个约定,式(2.14)可简写为

$$y_i=a_{ij}x_j\quad(i=1,2,\cdots,n).\tag{2.15}$$

我们可以将$(x_1,\cdots,x_n)$和$(y_1,\cdots,y_n)$都看做 n 维空间中的矢量,将线性变换看做一个映射过程,将 $\boldsymbol{y}$ 看做是 $\boldsymbol{x}$ 的映像.我们将 n^2 个数 a_{ij} 排列成

$$\begin{pmatrix}a_{11}&a_{12}&\cdots&a_{1n}\\ a_{21}&a_{22}&\cdots&a_{2n}\\ \vdots&\vdots&&\vdots\\ a_{n1}&a_{n2}&\cdots&a_{nn}\end{pmatrix},\tag{2.16}$$

称为线性变换(2.15)的算子,也称为矩阵,并以一个大写黑体字母 $\boldsymbol{A}$ 代表. a_{ij} 称为矩阵 $\boldsymbol{A}$ 的第 i 行、第 j 列的矩阵元,或简称为矩阵 $\boldsymbol{A}$ 的矩阵元,用相应的小写字母表示. 为了方便,我们可以将(2.15)式简写为

$$\boldsymbol{y} = \boldsymbol{A}\boldsymbol{x}. \tag{2.17}$$

§2.3 矩阵的加法及矩阵与数的乘法

我们称二个矩阵 $\boldsymbol{A}$ 和 $\boldsymbol{B}$ 为相等,当

$$a_{ij} = b_{ij} \quad (i,j = 1,2,\cdots,n); \tag{2.18}$$

(2.18)式可以简写为

$$\boldsymbol{A} = \boldsymbol{B}. \tag{2.19}$$

我们称矩阵 $\boldsymbol{D}$ 为矩阵 $\boldsymbol{A}$ 和 $\boldsymbol{B}$ 之和,当

$$d_{ij} = a_{ij} + b_{ij} \quad (i,j = 1,2,\cdots,n); \tag{2.20}$$

(2.20)式可以简写为

$$\boldsymbol{D} = \boldsymbol{A} + \boldsymbol{B}. \tag{2.21}$$

矩阵的加法显然满足如下的对易律和结合律:

$$\left.\begin{aligned} \boldsymbol{A} + \boldsymbol{B} &= \boldsymbol{B} + \boldsymbol{A}, \\ (\boldsymbol{A} + \boldsymbol{B}) + \boldsymbol{C} &= \boldsymbol{A} + (\boldsymbol{B} + \boldsymbol{C}). \end{aligned}\right\} \tag{2.22}$$

我们称所有矩阵元为零的矩阵为零矩阵,并以符号 $\boldsymbol{O}$ 表示之. 显然有

$$\boldsymbol{O} + \boldsymbol{A} = \boldsymbol{A}. \tag{2.23}$$

对于线性变换(2.17)式存在着如下的分配律

$$\left.\begin{aligned} \boldsymbol{A}(\boldsymbol{x} + \boldsymbol{y}) &= \boldsymbol{A}\boldsymbol{x} + \boldsymbol{A}\boldsymbol{y}, \\ (\boldsymbol{A} + \boldsymbol{B})\boldsymbol{x} &= \boldsymbol{A}\boldsymbol{x} + \boldsymbol{B}\boldsymbol{x}. \end{aligned}\right\} \tag{2.24}$$

此外,显然有

$$\boldsymbol{O}\boldsymbol{x} = \boldsymbol{O}. \tag{2.25}$$

设在矩阵 $\boldsymbol{A}$ 和 $\boldsymbol{B}$ 之间存在着如下的关系:

$$b_{ij} = g a_{ij} = a_{ij} g \quad (i,j = 1,2,\cdots,n), \tag{2.26}$$

其中 g 为一个数,那么我们称 $\boldsymbol{B}$ 为矩阵 $\boldsymbol{A}$ 和数 g 之间的乘积,并将(2.26)式简写为

$$\boldsymbol{B} = g\boldsymbol{A} = \boldsymbol{A}g. \tag{2.27}$$

矩阵和数的乘法除了满足如(2.27)式中所表示的对易律以外,还满足如下的结合律和分配律:

$$\left.\begin{aligned} g(c\boldsymbol{A}) &= (gc)\boldsymbol{A}, \\ (c+g)\boldsymbol{A} &= c\boldsymbol{A} + g\boldsymbol{A}, \\ g(\boldsymbol{A}+\boldsymbol{B}) &= g\boldsymbol{A} + g\boldsymbol{B}. \end{aligned}\right\} \tag{2.28}$$

§ 2.4 矩阵与矩阵的乘法

线性变换有如下的重要特点：设矩阵 $\boldsymbol{A}$ 将 $\boldsymbol{x}$ 变换为 $\boldsymbol{y}$，矩阵 $\boldsymbol{B}$ 将 $\boldsymbol{y}$ 变换为 $\boldsymbol{z}$，那么存在着一个矩阵 $\boldsymbol{C}$ 直接将 $\boldsymbol{x}$ 变换为 $\boldsymbol{z}$，因为

$$z_i = b_{ij}y_j = b_{ij}a_{jk}x_k, \tag{2.29}$$

可见，$\boldsymbol{C}$ 的矩阵元是

$$c_{ik} = b_{ij}a_{jk}, \tag{2.30}$$

我们称矩阵 $\boldsymbol{C}$ 为矩阵 $\boldsymbol{A}$ 和矩阵 $\boldsymbol{B}$ 的乘积，并将(2.30)式简写为

$$\boldsymbol{C} = \boldsymbol{BA}. \tag{2.31}$$

不难证明，矩阵的乘积满足如下的结合律和分配律：

$$\left.\begin{aligned} \boldsymbol{C}(\boldsymbol{BA}) &= (\boldsymbol{CB})\boldsymbol{A}, \\ (\boldsymbol{C}+\boldsymbol{D})\boldsymbol{A} &= \boldsymbol{CA} + \boldsymbol{DA}, \\ \boldsymbol{A}(\boldsymbol{C}+\boldsymbol{B}) &= \boldsymbol{AC} + \boldsymbol{AB}, \\ g(\boldsymbol{BA}) &= (g\boldsymbol{B})\boldsymbol{A}, \\ \boldsymbol{B}(\boldsymbol{Ax}) &= (\boldsymbol{BA})\boldsymbol{x}. \end{aligned}\right\} \tag{2.32}$$

但是矩阵的乘积常常不满足对易律. 通常是

$$\boldsymbol{BA} \neq \boldsymbol{AB}, \tag{2.33}$$

亦即 $b_{ij}a_{jk} \neq a_{ij}b_{jk}$；如果特别情况下有矩阵 $\boldsymbol{A}$ 和 $\boldsymbol{B}$ 满足关系

$$\boldsymbol{BA} = \boldsymbol{AB}, \tag{2.34}$$

那么称 $\boldsymbol{A}$ 和 $\boldsymbol{B}$ 为可以互相对易的两个矩阵.

显然，零矩阵和所有矩阵可对易，

$$\boldsymbol{OA} = \boldsymbol{O} = \boldsymbol{AO}. \tag{2.35}$$

称矩阵

$$\begin{pmatrix} 1 & & & 0 \\ & 1 & & \\ & & \ddots & \\ 0 & & & 1 \end{pmatrix} \tag{2.36}$$

为单位矩阵,并以符号 $\boldsymbol{I}$ 表示之.单位矩阵的第 i 行第 j 列的矩阵元为 δ_{ij}.不难看出 $\boldsymbol{I}$ 和所有矩阵可以对易,

$$\boldsymbol{IA} = \boldsymbol{AI} = \boldsymbol{A}. \tag{2.37}$$

如果矩阵 $\boldsymbol{D}$ 有以下形状

$$\begin{pmatrix} d_1 & & & 0 \\ & d_2 & & \\ & & \ddots & \\ 0 & & & d_n \end{pmatrix}, \tag{2.38}$$

称 $\boldsymbol{D}$ 矩阵为对角矩阵.对角矩阵中,只有从上左到下右对角线上的矩阵元可能不等于零,其余的矩阵元都等于零.显然,所有的对角矩阵都可以彼此对易.

所有的矩阵都可以和它自己对易.因此可以引入如下简写:

$$\boldsymbol{AA} = \boldsymbol{A}^2; \qquad \boldsymbol{AAA} = \boldsymbol{A}^3. \tag{2.39}$$

§2.5 逆 变 换

线性变换(2.17)式规定每一个 $\boldsymbol{x}$ 都有一个映像 $\boldsymbol{y}$.但是反过来并不见得每一个 $\boldsymbol{y}$ 都是一个矢量的映像.只有当方程(2.15)在 y_i 取任何数值都有解时,每一个矢量 $\boldsymbol{y}$ 才是一个矢量的映像.由此可知,每一个矢量 $\boldsymbol{y}$ 都是一个矢量的映像的必要和充分条件是

$$\det\boldsymbol{A} \neq 0, \tag{2.40}$$

其中 $\det\boldsymbol{A}$ 是矩阵 $\boldsymbol{A}$ 的行列式.在这一情况下,方程组(2.15)的解是唯一的.因此 $\boldsymbol{x}$ 和 $\boldsymbol{y}$ 一一对应,$\boldsymbol{x}$ 也是 $\boldsymbol{y}$ 的映像.我们有

$$\boldsymbol{x} = \boldsymbol{By}, \quad b_{ij} = \frac{\widetilde{A}_{ji}}{\det\boldsymbol{A}}. \tag{2.41}$$

其中 $\widetilde{A}_{ij}$ 为与矩阵元 a_{ij} 相应的余子行列式.不难证明,

$$\boldsymbol{BA} = \boldsymbol{AB} = \boldsymbol{I}. \tag{2.42}$$

我们称线性变换(2.41)式为线性变换(2.17)式的逆,并称 $\boldsymbol{B}$ 为 $\boldsymbol{A}$ 的逆矩阵,或简称为 $\boldsymbol{A}$ 的逆.并通常以符号 $\boldsymbol{A}^{-1}$ 表示之,因此有

$$\boldsymbol{B} = \boldsymbol{A}^{-1}.$$

(2.41)和(2.42)式可以写为

$$\boldsymbol{x} = \boldsymbol{A}^{-1}\boldsymbol{y}, \quad \boldsymbol{A}^{-1}\boldsymbol{A} = \boldsymbol{A}\boldsymbol{A}^{-1} = \boldsymbol{I}. \tag{2.43}$$

从(2.43)式的第二式可以看出，$\boldsymbol{A}$ 也反过来是 $\boldsymbol{A}^{-1}$ 的逆. 我们称满足条件(2.40)式的矩阵为非奇异矩阵，其相应的变换为非奇异变换. 因此非奇异矩阵有逆矩阵，非奇异的线性变换有逆变换.

矩阵 $\boldsymbol{A}$ 称为奇异矩阵，其相应的变换称为奇异线性变换，当有

$$\det\boldsymbol{A} = 0. \tag{2.44}$$

从矩阵乘积的定义(2.30)式和(2.31)式可知，

$$\det(\boldsymbol{B}\boldsymbol{A}) = (\det\boldsymbol{B})(\det\boldsymbol{A}). \tag{2.45}$$

因此奇异矩阵 $\boldsymbol{A}$ 不可能有逆矩阵，奇异的线性变换不可能有逆变换.

设 $\boldsymbol{A}$ 和 $\boldsymbol{B}$ 都是非奇异矩阵，那么根据(2.45)式 $\boldsymbol{B}\boldsymbol{A}$ 也是非奇异矩阵. 因此矩阵 $\boldsymbol{B}\boldsymbol{A}$ 具有逆矩阵. 不难证明 $\boldsymbol{B}\boldsymbol{A}$ 的逆是

$$(\boldsymbol{B}\boldsymbol{A})^{-1} = \boldsymbol{A}^{-1}\boldsymbol{B}^{-1}. \tag{2.46}$$

由此可见，接连进行两个非奇异的线性变换，总的效果相应于进行一个非奇异线性变换.

§ 2.6　坐标变换和相似变换

可以选择不同的坐标系统来表示同一个矢量空间. 在一个坐标系统中一个矢量具有分量$(x_1, x_2, \cdots, x_n)$. 如(2.13)式中所示，这个矢量可以写做

$$x_i\boldsymbol{e}_i, \tag{2.47}$$

其中 $\boldsymbol{e}_1, \boldsymbol{e}_2, \cdots, \boldsymbol{e}_n$ 为这一坐标系的基矢. 在另外一个坐标系中，基矢不同，这个矢量的分量也将不同而变为$(x'_1, x'_2, \cdots, x'_n)$. 利用新坐标系统中基矢 $\boldsymbol{e}'_1, \boldsymbol{e}'_2, \cdots, \boldsymbol{e}'_n$，这个矢量也可以表示为

$$x'_i\boldsymbol{e}'_i. \tag{2.48}$$

同一个矢量在不同坐标系统中的分量$(x_1, x_2, \cdots, x_n)$和$(x'_1, x'_2, \cdots, x'_n)$之间的关系，决定于不同坐标系的基矢 $\boldsymbol{e}_1, \boldsymbol{e}_2, \cdots, \boldsymbol{e}_n$ 和 $\boldsymbol{e}'_1, \boldsymbol{e}'_2, \cdots, \boldsymbol{e}'_n$之间的关系. 可以将老的坐标系的基矢 $\boldsymbol{e}_i$ 在新的坐标系中表示为

$$\boldsymbol{e}_i = \boldsymbol{e}'_j u_{ji} \quad (i = 1, \cdots, n), \tag{2.49}$$

那么就可以将表示(2.47)写为

$$u_{ji}x_i\boldsymbol{e}'_j. \tag{2.50}$$

比较(2.48)和(2.50)，就得

$$x'_j = u_{ji}x_i.$$

上式可以简写为

$$\boldsymbol{x}' = \boldsymbol{U}\boldsymbol{x}, \tag{2.51}$$

其中 $\boldsymbol{x}=(x_1,\cdots,x_n)$ 和 $\boldsymbol{x}'=(x_1',\cdots,x_n')$ 应该分别理解为同一个矢量在两个不同坐标系中的具体表示;$\boldsymbol{U}$ 是一个矩阵,其矩阵元为 u_{ij}.

当然,也可以反过来将新坐标系中的基矢 $\boldsymbol{e}_i'$ 在老的坐标系表示出来:

$$\boldsymbol{e}_i' = \boldsymbol{e}_j v_{ji}, \tag{2.52}$$

将(2.52)式代入(2.49)式,就是

$$\boldsymbol{e}_i = \boldsymbol{e}_k v_{kj} u_{ji}, \tag{2.53}$$

这就要求

$$v_{kj} u_{ji} = \delta_{ki}. \tag{2.54}$$

设以 $\boldsymbol{V}$ 代表一个矩阵元为 v_{ij} 的矩阵,那么式(2.54)就可以写做

$$\boldsymbol{VU} = \boldsymbol{I}, \tag{2.55}$$

这就要求 $\boldsymbol{U}$ 和 $\boldsymbol{V}$ 都是非奇异矩阵,并且是相互的逆矩阵.

不难看出,同一个映像过程在不同的坐标系统中将由不同的线性变换表示.例如,在老的坐标系中有两个矢量 $\boldsymbol{x}$ 和 $\boldsymbol{y}$,其中 $\boldsymbol{y}$ 是 $\boldsymbol{x}$ 的映像,$\boldsymbol{y}$ 和 $\boldsymbol{x}$ 由下列线性变换联系起来:

$$\boldsymbol{y} = \boldsymbol{A}\boldsymbol{x}. \tag{2.56}$$

在新的坐标系中,这两个矢量各由 $\boldsymbol{y}'$ 和 $\boldsymbol{x}'$ 表示:

$$\boldsymbol{y}' = \boldsymbol{U}\boldsymbol{y}, \quad \boldsymbol{x}' = \boldsymbol{U}\boldsymbol{x}. \tag{2.57}$$

$\boldsymbol{y}'$ 和 $\boldsymbol{x}'$ 由下列线性变换联系起来:

$$\boldsymbol{y}' = \boldsymbol{A}'\boldsymbol{x}', \quad \boldsymbol{A}' = \boldsymbol{U}\boldsymbol{A}\boldsymbol{U}^{-1}. \tag{2.58}$$

因此同一个映像过程在不同的坐标系中由不同的算子 $\boldsymbol{A}$ 和 $\boldsymbol{A}'$ 体现.

我们称如下的变换

$$\boldsymbol{x} \to \boldsymbol{x}' = \boldsymbol{U}\boldsymbol{x}, \quad \boldsymbol{A} \to \boldsymbol{A}' = \boldsymbol{U}\boldsymbol{A}\boldsymbol{U}^{-1} \tag{2.59}$$

为相似变换.不难看出,矢量和矩阵的方程在相似变换后不会改变它们的形式.例如,如果下列方程:

$$\left.\begin{aligned} &\boldsymbol{y} = \boldsymbol{x}, \\ &\boldsymbol{z} = \boldsymbol{x} + \boldsymbol{y}, \\ &\boldsymbol{A} = \boldsymbol{B}, \\ &\boldsymbol{C} = \boldsymbol{A} + \boldsymbol{B}, \\ &\boldsymbol{C} = \boldsymbol{A}\boldsymbol{B}, \\ &\boldsymbol{y} = \boldsymbol{A}\boldsymbol{x} \end{aligned}\right\} \tag{2.60}$$

成立,那么如下的相应方程也成立:

$$\left.\begin{aligned} \boldsymbol{y}' &= \boldsymbol{x}', \\ \boldsymbol{z}' &= \boldsymbol{x}' + \boldsymbol{y}', \\ \boldsymbol{A}' &= \boldsymbol{B}', \\ \boldsymbol{C}' &= \boldsymbol{A}' + \boldsymbol{B}', \\ \boldsymbol{C}' &= \boldsymbol{B}'\boldsymbol{A}', \\ \boldsymbol{y}' &= \boldsymbol{A}'\boldsymbol{x}'. \end{aligned}\right\} \tag{2.61}$$

显然,单位矩阵、零矩阵、零矢量在相似变换后仍然各为单位矩阵、零矩阵、零矢量.

§2.7 矢量的线性无关

我们称 k 个矢量 $\boldsymbol{x}^{(1)},\boldsymbol{x}^{(2)},\cdots,\boldsymbol{x}^{(k)}$ 为线性无关,当表式

$$\sum a_i \boldsymbol{x}^{(i)} \quad (i = 1,2,\cdots,k) \tag{2.62}$$

仅在所有的系数 a_i 都等于零时才为零矢量;否则就称这 k 个矢量是线性相关的. 显然,这 k 个矢量中如果包括有零矢量. 那么它们一定是线性相关的.

如果 k 个矢量是线性相关的,那么一定可以找到 $k'(k'<k)$ 个矢量,它们是线性无关的,并且所有这 k 个矢量都可以表示为这 k' 个线性无关的矢量的线性叠加.

我们可以用如下的方法来挑选这 k' 个矢量: 我们先看 $\boldsymbol{x}^{(1)}$,假使它是零矢量,就不选它;假使不是零矢量,就选它. 再察看 $\boldsymbol{x}^{(2)}$,假使它和已经选上的矢量是线性无关的,那么就也选它;如果它和已经选上的矢量是线性相关的,那么就不选它. 然后按照察看 $\boldsymbol{x}^{(2)}$ 的方式逐个察看 $\boldsymbol{x}^{(3)},\boldsymbol{x}^{(4)},\cdots,\boldsymbol{x}^{(k)}$ 来决定取舍. 这样选出来的一组矢量就具有上述的性质,是线性无关的,k 个矢量中的任何一个矢量都可以表示为这一组矢量的线性叠加.

可以证明,k' 这个数目不会因为挑选的方法不同而不同. 证明如下: 假使我们按二种不同的方法挑选出二组不同的矢量 $\boldsymbol{\xi}^{(1)},\boldsymbol{\xi}^{(2)},\cdots,\boldsymbol{\xi}^{(l)}$ 和 $\boldsymbol{\eta}^{(1)},\boldsymbol{\eta}^{(2)},\cdots,\boldsymbol{\eta}^{(m)}$,并有 $l>m$,那么所有的 $\boldsymbol{\xi}$ 都可以表示为 $\boldsymbol{\eta}$ 的线性叠加:

$$\boldsymbol{\xi}^{(i)} = \sum_{j=1}^{m} c_{ij} \boldsymbol{\eta}^{(j)} \quad (i = 1,2,\cdots,l), \tag{2.63}$$

而且一定可以找到一组 l 个并不都等于零的数 $d_i(i=1,2,\cdots,l)$,使

$$\sum_{i=1}^{l} d_i \boldsymbol{\xi}^{(i)} = \sum_{i=1}^{l}\sum_{j=1}^{m} d_i c_{ij} \boldsymbol{\eta}^{(l)} = \boldsymbol{0}. \tag{2.64}$$

由于 $\boldsymbol{\eta}$ 是线性无关的，(2.64)式要求

$$\sum_{i=1}^{l} d_i c_{ij} = 0 \quad (j = 1,2,\cdots,m). \tag{2.65}$$

式(2.65)是一组 m 个含 l 个未知数的齐次线性方程，由于未知数个数 $l>m$，一定可以找到一组不都等于零的解 d_i. 这就推出 $\boldsymbol{\xi}^{(1)},\cdots,\boldsymbol{\xi}^{(l)}$ 是线性相关的，和原来的假定相矛盾.

不难看出，在 n 维空间中可以选出 n 个线性无关的矢量. 一个坐标系统的基矢 $\boldsymbol{e}_1,\cdots,\boldsymbol{e}_n$ 就是这样一组 n 个线性无关的矢量；因为这时如果

$$x_i \boldsymbol{e}_i \tag{2.66}$$

是零矢量，那么所有的 x_i 都必须等于零.

可以证明，在 n 维空间中，任何$(n+1)$个矢量都是线性相关的. 设 $\boldsymbol{\xi}^{(1)}$，$\boldsymbol{\xi}^{(2)},\cdots,\boldsymbol{\xi}^{(n+1)}$ 是$(n+1)$个矢量，在一个坐标系中，它们可以表示为

$$\boldsymbol{\xi}^{(i)} = \sum_{j=1}^{n} c_{ij} \boldsymbol{e}_j \quad (i = 1,2,\cdots,n+1), \tag{2.67}$$

显然，可以找到一组$(n+1)$个并不都等于零的数 d_i，使

$$\sum_{i=1}^{n+1} d_i \sum_{j=1}^{n} c_{ij} \boldsymbol{e}_j = \sum_{j=1}^{n} \boldsymbol{e}_j \sum_{i=1}^{n+1} d_i c_{ij} = \boldsymbol{0}. \tag{2.68}$$

而使(2.68)式满足的充分必要的条件是

$$\sum_{i=1}^{n+1} d_i c_{ij} = 0 \quad (j = 1,\cdots,n). \tag{2.69}$$

(2.69)式是一组 n 个齐次线性方程，但未知数 d_i 有$(n+1)$个. 因此一定可以找到不都等于零的解.

可以证明，矢量间的线性相关或线性无关的性质是和坐标系的选择无关的. 设有一组矢量 $\boldsymbol{x}^{(1)},\boldsymbol{x}^{(2)},\cdots,\boldsymbol{x}^{(n)}$，它们在另一个坐标系中表示为

$$\boldsymbol{x}^{(i)'} = \boldsymbol{U}\boldsymbol{x}^{(i)} \quad (i = 1,2,\cdots,n), \tag{2.70}$$

如果在原来的坐标系中，它们是线性相关的，亦即可找到一组数 $a_1,a_2,\cdots,a_n$，使

$$\sum_{i=1}^{n} a_i \boldsymbol{x}^{(i)} = \boldsymbol{0}, \tag{2.71}$$

那么，显然有

$$\sum_{i=1}^{n} a_i \boldsymbol{x}^{(i)'} = \boldsymbol{U} \sum_{i=1}^{n} a_i \boldsymbol{x}^{(i)} = \boldsymbol{0}. \tag{2.72}$$

因此在新坐标系中，它们也是线性相关的. 如果 $\boldsymbol{x}^{(1)},\boldsymbol{x}^{(2)},\cdots,\boldsymbol{x}^{(n)}$ 是线性无关的，那么，$\boldsymbol{x}^{(1)'},\boldsymbol{x}^{(2)'},\cdots,\boldsymbol{x}^{(n)'}$ 一定也是线性无关的. 否则，一定可以找到一组数 $b_1,b_2,\cdots,b_n$，使

$$\sum_{i=1}^{n} b_i \boldsymbol{x}^{(i)'} = \boldsymbol{0}, \tag{2.73}$$

那么就有

$$\sum_{i=1}^{n} b_i \boldsymbol{x}^{(i)} = \boldsymbol{U}^{-1} \sum_{i=1}^{n} b_i \boldsymbol{x}^{(i)'} = \boldsymbol{0}. \tag{2.74}$$

这和原来的假定相矛盾,因此是不可能的.

用类似的方法可以证明,矢量间的线性相关和线性无关的性质在非奇异的映像过程中不会改变.

§2.8 复数共轭矩阵,转置矩阵和厄米共轭矩阵

为了讨论的方便,我们引进一些特殊矩阵的定义.

称矩阵 $\boldsymbol{B}$ 为矩阵 $\boldsymbol{A}$ 的复数共轭矩阵,若

$$b_{ij} = a_{ij}^{*}. \tag{2.75}$$

$\boldsymbol{A}$ 的复数共轭矩阵通常以符号 $\boldsymbol{A}^{*}$ 表示之. 显然有

$$(\boldsymbol{AB})^{*} = \boldsymbol{A}^{*}\boldsymbol{B}^{*}. \tag{2.76}$$

称 $\boldsymbol{B}$ 为 $\boldsymbol{A}$ 的转置矩阵,若

$$b_{ij} = a_{ji}. \tag{2.77}$$

$\boldsymbol{A}$ 的转置矩阵通常以符号 $\widetilde{\boldsymbol{A}}$ 表示之. 不难证明

$$\widetilde{\boldsymbol{AB}} = \widetilde{\boldsymbol{B}}\widetilde{\boldsymbol{A}}. \tag{2.78}$$

称 $\boldsymbol{B}$ 为 $\boldsymbol{A}$ 的厄米共轭矩阵,若

$$b_{ij} = a_{ji}^{*}. \tag{2.79}$$

$\boldsymbol{A}$ 的厄米共轭矩阵通常以符号 $\boldsymbol{A}^{\dagger}$ 表示之. 不难证明

$$(\boldsymbol{BA})^{\dagger} = \boldsymbol{A}^{\dagger}\boldsymbol{B}^{\dagger}. \tag{2.80}$$

矩阵 $\boldsymbol{A}$ 称为厄米矩阵,若

$$\boldsymbol{A}^{\dagger} = \boldsymbol{A}. \tag{2.81}$$

不难证明,对于任何矩阵 $\boldsymbol{A}$,有

$$\boldsymbol{A}^{\dagger} = (\widetilde{\boldsymbol{A}})^{*} = \widetilde{\boldsymbol{A}^{*}}. \tag{2.82}$$

称 $\boldsymbol{A}$ 为实矩阵,若

$$\boldsymbol{A}^{*} = \boldsymbol{A}. \tag{2.83}$$

称 $\boldsymbol{A}$ 为对称矩阵,若

$$\widetilde{\boldsymbol{A}} = \boldsymbol{A}. \tag{2.84}$$

可以证明,一般地有:

$$\left.\begin{aligned}(\boldsymbol{A}^{-1})^{*}&=(\boldsymbol{A}^{*})^{-1},\\ \widetilde{\boldsymbol{A}^{-1}}&=(\widetilde{\boldsymbol{A}})^{-1},\\ (\boldsymbol{A}^{\dagger})^{-1}&=(\boldsymbol{A}^{-1})^{\dagger},\end{aligned}\right\}\tag{2.85}$$

其中 $\boldsymbol{A}$ 为任何非奇异矩阵.

§2.9 正交坐标系

我们定义两个矢量 $\boldsymbol{x}$ 和 $\boldsymbol{y}$ 的数积为

$$\langle \boldsymbol{y} \mid \boldsymbol{x}\rangle=\sum_{ij} y_i^* g_{ij} x_j, \qquad g_{ij}=g_{ji}^*.\tag{2.86}$$

可以将 g_{ij} 当做一个厄米矩阵 $\boldsymbol{G}$ 的矩阵元. 为了保证矢量间的数积不随着坐标变换而变换,我们规定 $\boldsymbol{G}$ 在坐标变换(2.51)中作如下的变换:

$$\boldsymbol{G}\rightarrow\boldsymbol{G}'=(\boldsymbol{U}^{\dagger})^{-1}\boldsymbol{G}\boldsymbol{U}^{-1},\tag{2.87}$$

显然,$\boldsymbol{G}'$也是厄米矩阵. 不难证明:

$$\left.\begin{aligned}&\langle \boldsymbol{x}\mid \boldsymbol{y}\rangle=\langle \boldsymbol{y}\mid \boldsymbol{x}\rangle^{*},\langle \boldsymbol{e}_i\mid \boldsymbol{e}_j\rangle=g_{ij},\\ &\langle \boldsymbol{x}\mid \boldsymbol{y}+\boldsymbol{z}\rangle=\langle \boldsymbol{x}\mid \boldsymbol{y}\rangle+\langle \boldsymbol{x}\mid \boldsymbol{z}\rangle,\\ &\langle \boldsymbol{x}+\boldsymbol{y}\mid \boldsymbol{z}\rangle=\langle \boldsymbol{x}\mid \boldsymbol{z}\rangle+\langle \boldsymbol{y}\mid \boldsymbol{z}\rangle.\end{aligned}\right\}\tag{2.88}$$

如果 $\boldsymbol{G}$ 具有这样的性质:使任何非零矢量 $\boldsymbol{x}$ 满足条件

$$\langle \boldsymbol{x}\mid \boldsymbol{x}\rangle>0;\tag{2.89}$$

那么我们称这个 n 维空间为 n 维酉空间. 显然,在酉空间中,$\det\boldsymbol{G}\neq0$,否则就可以找到非零矢量 $\boldsymbol{x}$ 满足方程 $\boldsymbol{G}\boldsymbol{x}=\boldsymbol{0}$,条件(2.89)不再被满足.

称矢量 $\boldsymbol{x}$ 和 $\boldsymbol{y}$ 相互正交,若

$$\langle \boldsymbol{y}\mid \boldsymbol{x}\rangle=0.\tag{2.90}$$

在一个 n 维的酉空间中,我们可以找出 n 个线性独立的而且相互正交的矢量:

$$\left.\begin{aligned}&\boldsymbol{e}_1'=\boldsymbol{e}_1,\\ &\boldsymbol{e}_2'=\boldsymbol{e}_2-\frac{\langle \boldsymbol{e}_1'\mid \boldsymbol{e}_2\rangle}{\langle \boldsymbol{e}_1'\mid \boldsymbol{e}_1'\rangle}\boldsymbol{e}_1',\\ &\boldsymbol{e}_3'=\boldsymbol{e}_3-\frac{\langle \boldsymbol{e}_1'\mid \boldsymbol{e}_3\rangle}{\langle \boldsymbol{e}_1'\mid \boldsymbol{e}_1'\rangle}\boldsymbol{e}_1'-\frac{\langle \boldsymbol{e}_2'\mid \boldsymbol{e}_3\rangle}{\langle \boldsymbol{e}_2'\mid \boldsymbol{e}_2'\rangle}\boldsymbol{e}_2',\\ &\vdots\\ &\boldsymbol{e}_n'=\boldsymbol{e}_n-\sum_{i=1}^{n-1}\frac{\langle \boldsymbol{e}_i'\mid \boldsymbol{e}_n\rangle}{\langle \boldsymbol{e}_i'\mid \boldsymbol{e}_i'\rangle}\boldsymbol{e}_i'\end{aligned}\right\}\tag{2.91}$$

就是这样一套矢量.由于 $\boldsymbol{e}_1,\boldsymbol{e}_2,\cdots,\boldsymbol{e}_n$ 是线性无关的.因此 $\boldsymbol{e}'_1,\boldsymbol{e}'_2,\cdots,\boldsymbol{e}'_n$都不是零矢量.可以将(2.91)式改写做

$$\boldsymbol{e}_i = \boldsymbol{e}'_j u_{ji}, \tag{2.92}$$

并将 u_{ji}作为一个矩阵 $\boldsymbol{U}$ 的矩阵元.那么就有

$$\det\boldsymbol{U} = 1 \neq 0. \tag{2.93}$$

因此可将(2.92)式当做一个坐标系的变换,并将 $\boldsymbol{e}'_1,\boldsymbol{e}'_2,\cdots,\boldsymbol{e}'_n$当做新坐标系的基矢.$\boldsymbol{e}'_1,\boldsymbol{e}'_2,\cdots,\boldsymbol{e}'_n$显然也是线性无关的.从(2.91)式可以看出,它们是相互正交的.在新的坐标系中有

$$g'_{ij} = \langle \boldsymbol{e}'_i | \boldsymbol{e}'_j \rangle = 0 \quad (i \neq j). \tag{2.94}$$

经过适当的归一化

$$\boldsymbol{e}''_i = \lambda_i \boldsymbol{e}'_i, \tag{2.95}$$

我们可以使

$$g''_{ij} = \langle \boldsymbol{e}''_i | \boldsymbol{e}''_j \rangle = \delta_{ij}. \tag{2.96}$$

我们称这样的新的坐标系 $\boldsymbol{e}'_i\,(i=1,2,\cdots,n)$为正交坐标系,而 $\boldsymbol{e}''_1,\boldsymbol{e}''_2,\cdots,\boldsymbol{e}''_n$则为这一坐标系的单位基矢(正交归一基矢).在这样的坐标系中,$\boldsymbol{G}''$就是单位矩阵.

§ 2.10 幺正变换,厄米变换

如果线性变换 $\boldsymbol{A}$ 使映像矢量的数积保持和原来矢量的数积一样,那么我们称这样的线性变换为幺正变换.幺正变换的充分必要条件是

$$\boldsymbol{A}^{\dagger}\boldsymbol{G}\boldsymbol{A} = \boldsymbol{G}. \tag{2.97}$$

在酉空间中 $\det\boldsymbol{G}\neq 0$,因此必须有 $\det\boldsymbol{A}\neq 0$.在正交、归一化的坐标系中,$\boldsymbol{G}$ 是单位矩阵,条件(2.97)式就成为

$$\boldsymbol{A}^{\dagger}\boldsymbol{A} = \boldsymbol{I}. \tag{2.98}$$

我们称满足条件(2.98)式的矩阵为幺正矩阵.

称线性变换 $\boldsymbol{A}$ 为厄米变换,若对于任何两个矢量 $\boldsymbol{x}$ 和 $\boldsymbol{y}$,有

$$\langle \boldsymbol{A}\boldsymbol{y} \mid \boldsymbol{x} \rangle = \langle \boldsymbol{y} \mid \boldsymbol{A}\boldsymbol{x} \rangle. \tag{2.99}$$

厄米变换的条件是:

$$\boldsymbol{A}^{\dagger}\boldsymbol{G} = \boldsymbol{G}\boldsymbol{A}. \tag{2.100}$$

在正交的和归一化的坐标系中,条件(2.100)式就简化为

$$\boldsymbol{A}^{\dagger} = \boldsymbol{A}, \tag{2.101}$$

因此 $\boldsymbol{A}$ 是厄米矩阵.

§2.11 子 空 间

设$\boldsymbol{v}_1,\cdots,\boldsymbol{v}_m$是 n 维空间中 m 个矢量，所有由$\boldsymbol{v}_1,\cdots,\boldsymbol{v}_m$线性叠加成的矢量

$$\boldsymbol{\xi}=\sum_{i=1}^{m}\xi_i\boldsymbol{v}_i \tag{2.102}$$

形成一个矢量空间，我们称这个空间为 n 维空间中由$\boldsymbol{v}_1,\cdots,\boldsymbol{v}_m$生成的子空间. 若$\boldsymbol{v}_1,\cdots,\boldsymbol{v}_m$是线性无关的，那么这个子空间是 m 维的. 这也就是说，在这个子空间中，有 m 个线性无关的矢量，但其中任何$(m+1)$个矢量都是线性相关的. 若$\boldsymbol{v}_1,\cdots,\boldsymbol{v}_m$是线性相关的，那么它们所生成的子空间的维数就小于 m.

我们以符号 R_n 代表由 $\boldsymbol{e}_1,\cdots,\boldsymbol{e}_n$ 生成的 n 维空间，以符号 γ 代表 R_n 中由线性无关的$\boldsymbol{v}_1,\cdots,\boldsymbol{v}_m$生成的 m 维子空间. 我们称一个矢量和 γ 正交，当它和 γ 中所有的矢量都正交.

如果 R_n 是一个酉空间，那么 R_n 中存在着一个和 γ 正交的完全的子空间 γ'. 这就是说，γ' 中所有的矢量都和 γ 正交，R_n 中所有和 γ 正交的矢量都包含在 γ' 之中. R_n 中任何矢量都可以表示为 γ 中的一个矢量和 γ' 中的一个矢量之和.

γ' 的存在可以这样证明：我们再选$(n-m)$个矢量$\boldsymbol{v}_{m+1},\cdots,\boldsymbol{v}_n$，和$\boldsymbol{v}_1,\cdots,\boldsymbol{v}_m$一起凑成一组 n 个线性无关的矢量；这是一定成立的，否则 $\boldsymbol{e}_1,\cdots,\boldsymbol{e}_n$ 将不再是线性无关的. 可以应用 §2.9 中正交化的方法，将式(2.91)中的 $\boldsymbol{e}$ 换成 $\boldsymbol{v}'$，得到一组 n 个线性无关的、彼此正交的矢量$\boldsymbol{v}'_1,\cdots,\boldsymbol{v}'_n$. 显然，由$\boldsymbol{v}'_1,\cdots,\boldsymbol{v}'_m$生成的子空间就是 γ. 不难证明，由$\boldsymbol{v}'_{m+1},\cdots,\boldsymbol{v}'_n$线性叠加组成的任何矢量一定正交于 γ. 相反地，任何和 γ 正交的矢量一定可以写成为$\boldsymbol{v}'_{m+1},\cdots,\boldsymbol{v}'_n$的叠加. 因此，$R_n$ 可以看做是$\boldsymbol{v}'_1,\cdots,\boldsymbol{v}'_n$生成的空间，$R_n$ 中的任何一个矢量都可以表示为 γ 中的一个矢量和 γ' 中的一个矢量的和. γ' 是一个$(n-m)$维的子空间.

可以证明，在一个幺正线性变换下，或在一个厄米变换下，一个子空间 γ 的映像被包含在 γ 之中，那么与之相应的完全正交空间的映像也一定被包含在 γ' 之中. 证明如下：

如果 $\mathbf{A}$ 是一个幺正线性变换，那么证明是显然的. 因为幺正变换不改变矢量间的数积. $\boldsymbol{v}'_1,\cdots,\boldsymbol{v}'_n$ 的映像$\boldsymbol{v}''_1,\cdots,\boldsymbol{v}''_n$ 将也是一组线性无关的、相互正

交的矢量.因此由$\boldsymbol{v}_1'',\cdots,\boldsymbol{v}_m''$生成的子空间将和$\boldsymbol{v}_{m+1}'',\cdots,\boldsymbol{v}_n''$所生成的子空间相互正交.既然由$\boldsymbol{v}_1'',\cdots,\boldsymbol{v}_m''$生成的子空间被包含在由$\boldsymbol{v}_1',\cdots,\boldsymbol{v}_m'$生成的子空间$\gamma$之中,$\boldsymbol{v}_1'',\cdots,\boldsymbol{v}_m''$可以表达为$\boldsymbol{v}_1',\cdots,\boldsymbol{v}_m'$的线性叠加.由于$\boldsymbol{v}_1'',\cdots,\boldsymbol{v}_m''$是线性无关的,因此,$\boldsymbol{v}_1',\cdots,\boldsymbol{v}_m'$可以倒过来表示为$\boldsymbol{v}_1'',\cdots,\boldsymbol{v}_m''$的叠加.换言之,$\gamma$也被包含在由$\boldsymbol{v}_1'',\cdots,\boldsymbol{v}_m''$生成的子空间之中.可见由$\boldsymbol{v}_1'',\cdots,\boldsymbol{v}_m''$生成的子空间是和$\gamma$等同的.这就证明了由$\boldsymbol{v}_{m+1}'',\cdots,\boldsymbol{v}_n''$生成的子空间被包括在$\gamma'$之中.用同样方法可以证明,由$\boldsymbol{v}_{m+1}'',\cdots,\boldsymbol{v}_n''$生成的子空间和$\gamma'$完全等同.

如果$\boldsymbol{A}$是一个厄米线性变换,令$\boldsymbol{\omega}$代表γ'中的一个矢量,那么

$$\langle \boldsymbol{A\omega} \mid \boldsymbol{v}_\lambda \rangle = \langle \boldsymbol{\omega} \mid \boldsymbol{A v}_\lambda \rangle \quad (\lambda = 1,\cdots,m), \tag{2.103}$$

因为$\boldsymbol{A v}_\lambda$是被包括在γ之中的.这就证明γ'的映像和γ正交,因此被包括在γ'之中.

§2.12 本征矢量和本征值

设$\boldsymbol{A}$是一个矩阵,$\boldsymbol{v}_\lambda$是一个矢量,并有

$$\boldsymbol{A v}_\lambda = \lambda \boldsymbol{v}_\lambda, \tag{2.104}$$

其中λ是一个数,那么我们称$\boldsymbol{v}_\lambda$是矩阵$\boldsymbol{A}$的一个本征矢量,λ为和本征矢量$\boldsymbol{v}_\lambda$相应的本征值,或简称矩阵$\boldsymbol{A}$的本征值.显然λ必须满足方程

$$\det(\boldsymbol{A} - \lambda \boldsymbol{I}) = 0, \tag{2.105}$$

其中$\boldsymbol{I}$为单位矩阵.方程(2.105)称为矩阵$\boldsymbol{A}$的久期方程.久期方程的解都是矩阵$\boldsymbol{A}$的本征值.显然,久期方程的形式在坐标变换下不会改变.以$\boldsymbol{U}$代表产生坐标变换的矩阵,那么在新的坐标系中久期方程变为

$$\begin{aligned}\det[\boldsymbol{U}(\boldsymbol{A} - \lambda\boldsymbol{I})\boldsymbol{U}^{-1}] &= \det\boldsymbol{U}\det(\boldsymbol{A} - \lambda\boldsymbol{I})\det\boldsymbol{U}^{-1} \\ &= \det(\boldsymbol{A} - \lambda\boldsymbol{I}) = 0.\end{aligned} \tag{2.106}$$

这就是说,久期方程的根(亦即矩阵$\boldsymbol{A}$的本征值)以及久期方程中λ的各次项的系数,在坐标变换中都是不变量.首先是矩阵$\boldsymbol{A}$在对角线上的矩阵元的和

$$\sum_{i=1}^{n} a_{ii} \tag{2.107}$$

是不变量,因为它就等于久期方程所有根的和.我们称表式(2.107)为矩阵$\boldsymbol{A}$的迹.其次$\det\boldsymbol{A}$显然也是不变量,因为它等于久期方程所有根的乘积.

§2.13 主轴变换

定理 2.13.1 每一个 n 维空间中的厄米线性变换或幺正线性变换 $\boldsymbol{A}$ 都具有一套 n 个完全正交的本征矢量.

证明 先解久期方程(2.105),得到一个根 λ_1,然后以之代入本征方程(2.104),解得一个本征矢量 $\boldsymbol{v}_1$. $\boldsymbol{v}_1$ 生成一个一维子空间,与之相应有一个和它完全正交的 $(n-1)$ 维空间 R_{n-1}. 由 $\boldsymbol{A}$ 而产生的 $\boldsymbol{v}_1$ 的映像被包含在由 $\boldsymbol{v}_1$ 生成的子空间之中,R_{n-1} 的映像也被包含在 R_{n-1} 之中.

在 R_{n-1} 中选一套 $(n-1)$ 个线性独立的矢量 $\boldsymbol{u}_2,\cdots,\boldsymbol{u}_n$,它们和 $\boldsymbol{v}_1$ 正交. 我们可以将 $\boldsymbol{v}_1$ 和 $\boldsymbol{u}_2,\cdots,\boldsymbol{u}_n$ 当做一个新坐标系的基矢. 在这个坐标系中,矩阵 $\boldsymbol{G}$ 具有如下的形式:

$$\left.\begin{aligned} &g_{11}=\langle \boldsymbol{v}_1 \mid \boldsymbol{v}_1\rangle, \quad g_{1i}=\langle \boldsymbol{v}_1 \mid \boldsymbol{u}_i\rangle, \quad g_{i1}=\langle \boldsymbol{u}_i \mid \boldsymbol{v}_1\rangle, \\ &g_{1i}=g_{i1}=0, \quad g_{ij}=\langle \boldsymbol{u}_i \mid \boldsymbol{u}_j\rangle \end{aligned} \quad (i,j=2,\cdots,n). \right\} \tag{2.108}$$

令矩阵 $\boldsymbol{A}$ 在新坐标系中的矩阵元为 a_{ij},则 $\boldsymbol{v}_1$ 的映像为

$$\boldsymbol{A}\boldsymbol{v}_1=a_{11}\boldsymbol{v}_1+\sum_{i=2}^{n} a_{i1}\boldsymbol{u}_i=\lambda_1\boldsymbol{v}_1. \tag{2.109}$$

因此有

$$a_{11}=\lambda_1, \quad a_{i1}=0 \quad (i=2,\cdots,n). \tag{2.110}$$

$\boldsymbol{u}_j$ 的映像

$$a_{1j}\boldsymbol{v}_1+\sum_{i=2}^{n} a_{ij}\boldsymbol{u}_i \tag{2.111}$$

必须被包含在 R_{n-1} 之中,因此可以写成 $\boldsymbol{u}_2,\cdots,\boldsymbol{u}_n$ 的叠加,则必须有

$$a_{1j}=0 \quad (j=2,\cdots,n). \tag{2.112}$$

在新坐标系中,$\boldsymbol{A}$ 和 $\boldsymbol{G}$ 分别有如下的形式:

$$\boldsymbol{A}=\begin{pmatrix} \lambda_1 & 0 & 0 & \cdots & 0 \\ 0 & a_{22} & a_{23} & \cdots & a_{2n} \\ 0 & a_{32} & a_{33} & \cdots & a_{3n} \\ \vdots & \vdots & \vdots & & \vdots \\ 0 & a_{n2} & a_{n3} & \cdots & a_{nn} \end{pmatrix}, \quad \boldsymbol{G}=\begin{pmatrix} g_{11} & 0 & 0 & \cdots & 0 \\ 0 & g_{22} & g_{23} & \cdots & g_{2n} \\ 0 & g_{32} & g_{33} & \cdots & g_{3n} \\ \vdots & \vdots & \vdots & & \vdots \\ 0 & g_{n2} & g_{n3} & \cdots & g_{nn} \end{pmatrix}, \tag{2.113}$$

我们定义$(n-1)$维的矩阵 $\boldsymbol{G}_1$ 和 $\boldsymbol{A}_1$ 如下：

$$\boldsymbol{G}_1=\begin{pmatrix} g_{22} & g_{23} & \cdots & g_{2n} \\ g_{32} & g_{33} & \cdots & g_{3n} \\ \vdots & \vdots & & \vdots \\ g_{n2} & g_{n3} & \cdots & g_{nn} \end{pmatrix}, \quad \boldsymbol{A}_1=\begin{pmatrix} a_{22} & a_{23} & \cdots & a_{2n} \\ a_{32} & a_{33} & \cdots & a_{3n} \\ \vdots & \vdots & & \vdots \\ a_{n2} & a_{n3} & \cdots & a_{nn} \end{pmatrix}, \tag{2.114}$$

$\boldsymbol{G}_1$ 使 $\boldsymbol{R}_{n-1}$成为一个酉空间,$\boldsymbol{A}_1$ 是这个空间中的线性厄米变换或幺正线性变换.

我们可以重复以上的讨论,应用于这个$(n-1)$维的空间 R_{n-1}. 在解久期方程

$$\det(\boldsymbol{A}_1-\lambda\boldsymbol{I})=0 \tag{2.115}$$

和相应的本征方程以后,得到一个 $\boldsymbol{A}_1$ 的本征值 λ_2 和本征矢量$\boldsymbol{v}_2$. 在空间 R_n 中,它们当然也是 $\boldsymbol{A}$ 的本征值和本征矢量. 我们可以进一步将空间 R_{n-1}分解为$\boldsymbol{v}_2$生成的子空间和相应的完全正交$(n-2)$维子空间 R_{n-2},$\boldsymbol{v}_2$和 R_{n-2}当然也和$\boldsymbol{v}_1$正交. 在空间 R_{n-2}中选一套$(n-2)$个线性无关的矢量将 $\boldsymbol{\omega}_3,\boldsymbol{\omega}_4,\cdots,\boldsymbol{\omega}_n$,将它们和$\boldsymbol{v}_1,\boldsymbol{v}_2$一起作为整个空间 R_n 的一个坐标系的基矢. 在以$\boldsymbol{v}_1,\boldsymbol{v}_2,\boldsymbol{\omega}_3,\boldsymbol{\omega}_4,\cdots,\boldsymbol{\omega}_n$ 为基矢的坐标系中,$\boldsymbol{A}$ 和 $\boldsymbol{G}$ 将具有如下的形式：

$$\boldsymbol{A}=\begin{pmatrix} \lambda_1 & 0 & 0 \\ 0 & \lambda_2 & 0 \\ 0 & 0 & A_2 \end{pmatrix}, \quad \boldsymbol{G}=\begin{pmatrix} \langle\boldsymbol{v}_1\mid\boldsymbol{v}_1\rangle & 0 & 0 \\ 0 & \langle\boldsymbol{v}_2\mid\boldsymbol{v}_2\rangle & 0 \\ 0 & 0 & G_2 \end{pmatrix}, \tag{2.116}$$

其中 $\boldsymbol{A}_2$ 和 $\boldsymbol{G}_2$ 都是$(n-2)$维的矩阵元.

如此类推,我们最后得到一套 n 个相互正交的矩阵 $\boldsymbol{A}$ 的本征矢量 $\boldsymbol{v}_1,\cdots,\boldsymbol{v}_n$. 在以这些本征矢量为基矢的坐标系中,$\boldsymbol{A}$ 是对角矩阵,其对角矩阵元是本征值 $\lambda_1,\lambda_2,\cdots,\lambda_n$;$\boldsymbol{G}$ 也是对角矩阵. 经过归一化的过程,可以将 $\boldsymbol{G}$ 表示为单位矩阵.

我们称以上的变换过程为将矩阵 $\boldsymbol{A}$ 变换到主轴上的主轴变换,显然 $\boldsymbol{A}$ 的任何本征值λ 都已经出现在$\lambda_1,\cdots,\lambda_n$ 之中. 和 λ 相应的本征函数一定是$\boldsymbol{v}_\gamma$的叠加,其相应的 λ_γ 都等于λ. 因为在正交和归一化的坐标系中厄米变换或幺正变换必须满足条件(2.101)式或(2.98)式,可知厄米变换的本征值必须是实数,幺正变换的本征值的绝对值一定等于 1.

如果以上的讨论在正交的和归一化的坐标系中进行,那么根据(2.98)和(2.101)式,$\boldsymbol{A}$ 就是幺正矩阵或厄米矩阵. 根据(2.87)式产生坐标变换的 $\boldsymbol{U}$ 矩阵就是幺正矩阵. 因此定理 2.13.1 也可以表达为：任何幺正矩阵或厄米

矩阵 $\boldsymbol{A}$ 可以通过一个幺正矩阵 $\boldsymbol{U}$ 产生的相似变换,变为一个对角矩阵.

定理 2.13.2 一组可以相互对易的幺正矩阵或厄米矩阵可以同时变换为对角矩阵.

可以用数学归纳法证明这一定理. 对于一维矩阵,这定理显然是成立的,因为所有的一维矩阵都可以相互对易,也都是对角矩阵. 如果定理对于所有 n 维或小于 n 维的矩阵都成立,那么不难证明定理对于 $(n+1)$ 维的矩阵也成立. 令 $\boldsymbol{A}$ 为这一组 $(n+1)$ 维矩阵中的一个矩阵,其相应的本征矢量和本征值是:

$$\left.\begin{array}{lll}\text{本征矢量} & \boldsymbol{v}_1,\ \boldsymbol{v}_2,\ \cdots,\ \boldsymbol{v}_k; & \boldsymbol{\omega}_1,\ \boldsymbol{\omega}_2,\ \cdots,\ \boldsymbol{\omega}_h;\ \cdots \\ \text{本征值} & \lambda_1,\ \lambda_1,\ \cdots,\ \lambda_1; & \lambda_2,\ \lambda_2,\ \cdots,\ \lambda_2;\ \cdots \\ & \multicolumn{2}{c}{(\lambda_1 \neq \lambda_2 \neq \cdots)} \end{array}\right\} \tag{2.117}$$

以这些本征矢量为基矢,那么 $\boldsymbol{A}$ 就成为对角矩阵. $\boldsymbol{v}_1,\cdots,\boldsymbol{v}_k$ 形成一个 $k<n+1$ 维的子空间 R_k,它由 $\boldsymbol{A}$ 的所有本征值属于 λ_1 的本征矢量组成. 与此相似,$\boldsymbol{A}$ 的所有本征值为 λ_2 的本征矢量形成一个 h 维 $(h<n+1)$ 的子空间,等等. 如果 $\boldsymbol{B}$ 为这一组矩阵中的任何另外一个矩阵,显然,$\boldsymbol{B}$ 将 $R_k,R_h,\cdots$ 等分别映射为 $R_k,R_h,\cdots$ 各自的一部分或全部. 因此在以 $\boldsymbol{A}$ 的本征矢量为基矢的坐标系中,$\boldsymbol{B}$ 分解为一系列维数小于或等于 n 的矩阵:

$$\boldsymbol{B} = \begin{pmatrix} \boldsymbol{B}_1 & & & \\ & \boldsymbol{B}_2 & & \\ & & \ddots & \\ & & & \boldsymbol{B}_b \end{pmatrix}, \tag{2.118}$$

$\boldsymbol{B}$ 中对角线上的矩阵 $\boldsymbol{B}_1,\boldsymbol{B}_2\cdots\boldsymbol{B}_b$ 之外的矩阵元素都为零,其中 $\boldsymbol{B}_1$ 为 k 维矩阵,$\boldsymbol{B}_2$ 为 h 维矩阵,等等. 由于这些矩阵的维数都小于 $(n+1)$,因此它们可以分别在各子空间 $R_k,R_h,\cdots$ 中同时将这一组矩阵变换为对角矩阵. 那么定理显然也对于 $(n+1)$ 维时成立. 这样,定理就得到了证明.

§2.14 矩阵的外积及其它

为了以后讨论的方便,我们引入一些关于构造矩阵的定义和定理.

设有两个 n 维矩阵 $\boldsymbol{A}$ 和 $\boldsymbol{B}$,其相应的矩阵元为 a_{ik} 和 b_{jl}. 我们可定义矩阵 $\boldsymbol{W}$ 为 $\boldsymbol{A}$ 和 $\boldsymbol{B}$ 的外积,并写做

$$\boldsymbol{W} = \boldsymbol{A} \times \boldsymbol{B}. \tag{2.119}$$

其中矩阵 $\boldsymbol{W}$ 有如下的性质：

$\boldsymbol{W}$ 是 n^2 维的矩阵，它的行由一组双数 (i,j) 来标志. 标志方法为：$(i=1,j=1)$ 标志第 1 行，$(i=1,j=2)$ 标志第 2 行，……，$(i=1,j=n)$ 标志第 n 行，$(i=2,j=1)$ 标志第 $(n+1)$ 行，……，$(i=n,j=n)$ 标志第 n^2 行. 矩阵 $\boldsymbol{W}$ 的列也由一组双数 (k,l) 标志：$(k=1,l=1)$ 标志第 1 列，$(k=1,l=2)$ 标志第 2 列，……，$(k=1,l=n)$ 标志第 n 列，$(k=2,l=1)$ 标志第 $(n+1)$ 列，……，$(k=n,l=n)$ 标志第 n^2 列. 如果矩阵 $\boldsymbol{W}$ 的矩阵元可以用符号 w_{ijkl} 代表，则矩阵 $\boldsymbol{A},\boldsymbol{B},\boldsymbol{W}$ 矩阵元之间存在着下列关系：

$$w_{ijkl} = a_{ik}b_{jl}. \tag{2.120}$$

不难证明：

$$(\boldsymbol{A}\times\boldsymbol{B})(\boldsymbol{C}\times\boldsymbol{D}) = (\boldsymbol{AC})\times(\boldsymbol{BD}). \tag{2.121}$$

并且，对角矩阵的外积仍是对角矩阵，单位矩阵的外积仍是单位矩阵.

可以将矩阵的定义加以扩充. 我们称一组 n 行、m 列、$n\times m$ 个元素的

$$\begin{pmatrix} a_{11} & a_{12} & \cdots & a_{1m} \\ a_{21} & a_{22} & \cdots & a_{2m} \\ \vdots & \vdots & & \vdots \\ a_{n1} & a_{n2} & \cdots & a_{nm} \end{pmatrix} \tag{2.122}$$

为一个 n 行 m 列的矩阵，也简称为矩阵.

如果三个矩阵 $\boldsymbol{A},\boldsymbol{B},\boldsymbol{C}$，其行数和列数都相同，那么我们可定义矩阵 $\boldsymbol{C}$ 是 $\boldsymbol{A}$ 和 $\boldsymbol{B}$ 的和，如果它们的矩阵元满足下列关系：

$$c_{ij} = a_{ij} + b_{ij} \quad (i = 1,2,\cdots,n;j = 1,2,\cdots,m), \tag{2.123}$$

(2.123)式可以简写做

$$\boldsymbol{C} = \boldsymbol{A} + \boldsymbol{B}. \tag{2.124}$$

这样定义的矩阵加法显然满足对易律和结合律

$$\left.\begin{aligned} \boldsymbol{A}+\boldsymbol{B} &= \boldsymbol{B}+\boldsymbol{A}, \\ (\boldsymbol{A}+\boldsymbol{B})+\boldsymbol{C} &= \boldsymbol{A}+(\boldsymbol{B}+\boldsymbol{C}). \end{aligned}\right\} \tag{2.125}$$

设矩阵 $\boldsymbol{A}$ 有 l 行 m 列，矩阵 $\boldsymbol{B}$ 有 m 行 n 列，矩阵 $\boldsymbol{C}$ 有 l 行 n 列，相应的矩阵元分别为 a_{ij},b_{jk},c_{ik}；我们定义矩阵 $\boldsymbol{C}$ 为 $\boldsymbol{A}$ 和 $\boldsymbol{B}$ 的乘积，设有

$$c_{ik} = \sum_{j=1}^{m} a_{ij}b_{jk} \quad (i = 1,2,\cdots,l;k = 1,2,\cdots,n), \tag{2.126}$$

因此不是相应于任何两个矩阵都可以定义一个乘积的. 在二个矩阵的乘积中，第一个矩阵(从左数起)的列数必须等于第二个矩阵的行数. 矩阵的乘法

满足结合律和分配律：

$$\left.\begin{aligned}(\boldsymbol{AB})\boldsymbol{C} &= \boldsymbol{A}(\boldsymbol{BC}),\\ \boldsymbol{A}(\boldsymbol{B}+\boldsymbol{C}) &= \boldsymbol{AB}+\boldsymbol{AC}.\end{aligned}\right\} \tag{2.127}$$

但是不一定满足对易律.

显然，在长方形矩阵中不能引进对角矩阵和单位矩阵的定义. 长方形矩阵不能与自己相乘. 但是我们可以将一个矢量 $\boldsymbol{x}$ 当做一个一列的长方形矩阵，将线性变换

$$\boldsymbol{y} = \boldsymbol{A}\boldsymbol{x} \tag{2.128}$$

看做是矩阵之间的乘积：

$$\begin{pmatrix} y_1 \\ y_2 \\ \vdots \\ y_n \end{pmatrix} = \begin{pmatrix} a_{11} & a_{12} & \cdots & a_{1n} \\ a_{21} & a_{22} & \cdots & a_{2n} \\ \vdots & \vdots & & \vdots \\ a_{n1} & a_{n2} & \cdots & a_{nn} \end{pmatrix} \begin{pmatrix} x_1 \\ x_2 \\ \vdots \\ x_n \end{pmatrix}. \tag{2.129}$$

可以将 $\boldsymbol{x}$ 的复数共轭矢量($\boldsymbol{x}_1^*, \boldsymbol{x}_2^*, \cdots, \boldsymbol{x}_n^*$)看做是一个 1 行 n 列的矩阵，那么它就相当于 $\boldsymbol{x}$ 的厄米共轭；也就是将行和列对调，再将所有矩阵元换成相应的共轭复数. 我们也可以将矢量的数积当做是矩阵间的乘积：

$$\langle \boldsymbol{y} \mid \boldsymbol{x} \rangle = (\boldsymbol{y}_1^*, \boldsymbol{y}_2^*, \cdots, \boldsymbol{y}_n^*) \begin{pmatrix} g_{11} & g_{12} & \cdots & g_{1n} \\ g_{21} & g_{22} & \cdots & g_{2n} \\ \vdots & \vdots & & \vdots \\ g_{n1} & g_{n2} & \cdots & g_{nn} \end{pmatrix} \begin{pmatrix} x_1 \\ x_2 \\ \vdots \\ x_n \end{pmatrix}. \tag{2.130}$$

第三章　抽象群理论

§3.1 群的定义

一个元素 $a,b,c,\cdots$ 的集合 g（元素可以是数，或是矩阵，或是变换，或是物体方位的变动，或是其它任何事物）称为“群”，如果这个元素的集合满足以下的条件：

(i) 在 g 中的元素之间可以定义一种“乘法”运算：与 g 中任何二个元素 a 和 b 相应，都有一个也属于 g 的乘积元素，将它记为 $a\cdot b$.

(ii) 元素间的乘法满足结合律

$$(a\cdot b)\cdot c = a\cdot(b\cdot c). \tag{3.1}$$

(iii) g 中存在一个单位元素，通常以符号 1 表示之，有时以符号 e 表示之. g 中任何元素 a 和 1 相乘仍旧得到 a，亦即

$$a\cdot 1 = 1\cdot a = a. \tag{3.2}$$

(iv) 相应 g 中任何一个元素 a，g 中一定还包括有一个逆，记为 a^{-1}，满足如下的条件

$$a\cdot a^{-1} = a^{-1}\cdot a = 1. \tag{3.3}$$

群的例子很多.

(1) 例如除去 0 以外的所有复数的集合形成一个群，当我们定义元素之间的乘法为复数的乘法，那么数 1 就是单位元素，元素 a 的逆就是$\dfrac{1}{a}$.

(2) 不难看出，所有除去 0 以外的实数也形成一个群，若定义数的乘法为群的元素之间的乘法. 所有 0 以外的有理数也形成一个群，当定义数的乘法为元素之间的乘法.

(3) 当我们定义数的加法为元素之间的乘法，所有的复数，包括 0 在内的集合也形成一个群，单位元素是 0，a 的逆是 $-a$.

(4) 所有 n 维空间中的非奇异线性变换形成一个群. 两个非奇异线性变换 $\boldsymbol{A}$ 和 $\boldsymbol{B}$ 的乘积定义为一个非奇异线性变换 $\boldsymbol{C}$，并写做

$$\boldsymbol{C} = \boldsymbol{B} \cdot \boldsymbol{A}. \tag{3.4}$$

$\boldsymbol{C}$ 的特点是先进行变换 $\boldsymbol{A}$，然后接着进行变换 $\boldsymbol{B}$，那么进行两个变换 $\boldsymbol{A}$ 和 $\boldsymbol{B}$ 的结果等同一个变换 $\boldsymbol{C}$ 的结果. 如果以矩阵表示线性变换，那么(3.4)式就是代表矩阵的积. 单位元素就是单位矩阵，元素 $\boldsymbol{A}$ 的逆就是矩阵 $\boldsymbol{A}$ 的逆 $\boldsymbol{A}^{-1}$.

(5) 如果矩阵 $\boldsymbol{A}$ 满足

$$\det\boldsymbol{A} = 1; \tag{3.5}$$

我们称矩阵 $\boldsymbol{A}$ 为幺模矩阵，不难看出所有 n 维的幺模矩阵形成一个群，这个群叫做特殊线性群 C_n.

(6) 所有的 n 维幺正矩阵 $\boldsymbol{U}$，并且相应的行列式

$$\det\boldsymbol{U} = 1, \tag{3.6}$$

也形成一个群，称为特殊酉群 $SU(n)$.

(7) 不难看出，三维空间中的坐标转动形成一个群，称为转动群. 时间-空间中的坐标的洛伦兹变换也形成一个群，称为洛伦兹群.

(8) 一组 n 个物件所有的不同置换法形成一个群，称为对称群 S_n. 可以用下列符号表示一种置换法：

$$\begin{pmatrix} 1, & 2, & \cdots, & n \\ a_1, & a_2, & \cdots, & a_n \end{pmatrix} \tag{3.7}$$

自然数 $1,2,\cdots,n$ 标志 n 个物件，$a_1,a_2,\cdots,a_n$ 是一种排列法. 由(3.7)表示的置换过程就是，将 1 换为 a_1，2 换为 a_2，3 换为 a_3，…，n 换为 a_n. 接连进行两个置换所得结果称为这两个置换的乘积. 以三个物体的置换为例：设以 p_1 和 p_2 代表下列两个置换：

$$p_1 = \begin{pmatrix} 1 & 2 & 3 \\ 2 & 1 & 3 \end{pmatrix}, \qquad p_2 = \begin{pmatrix} 1 & 2 & 3 \\ 3 & 1 & 2 \end{pmatrix}, \tag{3.8}$$

那么它们的乘积

$$p_1 p_2 = \begin{pmatrix} 1 & 2 & 3 \\ 2 & 1 & 3 \end{pmatrix} \begin{pmatrix} 1 & 2 & 3 \\ 3 & 1 & 2 \end{pmatrix} = \begin{pmatrix} 1 & 2 & 3 \\ 1 & 3 & 2 \end{pmatrix}. \tag{3.9}$$

就是先进行置换 p_1，再进行置换 p_2 的结果. 显然，群中的单位元素就是

$$\begin{pmatrix} 1, & 2, & 3, & \cdots, & n \\ 1, & 2, & 3, & \cdots, & n \end{pmatrix}. \tag{3.10}$$

显然，每一个置换都有一个逆，它们相乘就得到(3.10)式. 不难证明，置换的乘法满足结合律.

§3.2 阿贝尔群,子群

一般说来,群的元素的乘法未必满足对易律;如果有一个群,它的元素的乘法满足对易律,那么这个群就叫做阿贝尔群.

例如§3.1例子(1),(2),(3)中的群是阿贝尔群,例子(4),(5),(6),(7),(8)中的群不是阿贝尔群.不难看出,虽然三维转动群不是阿贝尔群,二维空间中的转动群却是阿贝尔群.

一个群 g 中的一个子集 g' 称为群 g 的一个子群,当它按群 g 中所用的乘法,也形成一个群.

例如:§3.1中例(2)中的群就是例(1)中的群的子群.特殊酉群 $SU(n)$ 又是特殊线性群 C_n 的子群.三维空间转动群是洛伦兹群的子群,二维空间转动群又是三维空间转动群的子群.

不难看出,一组 n 个物件所有不同的偶置换是对称群 S_n 的一个子群,称为交代群.

如果群的元素的个数是无限的,那么就称为无限群.§3.1中的例子从(1)到(7)都是无限群.如果群的元素的个数是有限的,那么就称为有限群.有限群的不同元素的个数称为这个群的阶.例如对称群和交代群都是有限群.对称群 S_n 的阶是 $n!$.它的子群交代群的阶是 $\frac{1}{2}n!$.假使一个无限群,它的元素可以用一个或一组连续变化的参数来标志,那么就称为连续群.§3.1中从(1)到(7)的例子都是连续群.

§3.3 共轭元素和类

元素 a 称为和 b 共轭,当

$$a = cbc^{-1}, \quad ac = cb, \tag{3.11}$$

而 c 为群的任意一个元素.显然,如果元素 a 和 b 共轭,那么 b 也和 a 共轭,而且 a^{-1} 和 b^{-1} 也相互共轭.如果 a 和 b 共轭,b 和 d 共轭,那么 a 和 d 也共轭,其原因是对于任何两个元素 f 和 g 来说,有

$$(fg)^{-1} = g^{-1}f^{-1}. \tag{3.12}$$

我们称所有和某一个元素共轭的元素集合为一个类.如果两个类有一

个元素是相同的,那么这两个类完全相同;如果两个类不同,那么它们所有的元素都不同.因此可以将群的元素分成不同的类,每一个元素只属于一个类.

显然,单位元素1单独自成一类.除了这一个类以外,其余的类都不可能形成一个子群,因为它们都不包括单位元素.

在阿贝尔群中,每一个元素自成一类.

§3.4 陪 集

设 g_1 为 g 的一个子群. g_1 的元素是 $1,b_1,b_2,b_3,\cdots$.设 a 是 g 中的任何一个元素,那么元素

$$a, ab_1, ab_2, ab_3, \cdots \tag{3.13}$$

称为由元素 a 生成的子群 g_1 的左陪集,并以符号 ag_1 表示.如果 a 就是单位元素,那么生成的左陪集就是子群 g_1 自己.如果 a 不属于 g_1,那么显然它所生成的左陪集不形成一个子群,因为在这个左陪集中不包含有单位元素.

可以证明,如果两个左陪集 ag_1 和 cg_1 有一个元素相同,那么这两个陪集的元素完全相同.设

$$ab_i = cb_j, \tag{3.14}$$

则有

$$a = cb_jb_i^{-1}, \tag{3.15}$$

因此左陪集 ag_1 中任何元素

$$ab_k = c(b_jb_i^{-1}b_k) \tag{3.16}$$

显然也被包含在左陪集 cg_1 中.同样地可以证明 cg_1 中任何元素也被包含在 ag_1 之中.因此两个不同的左陪集中的元素是都不相同的,可以将群所有的元素分成不同的左陪集.每一个元素只属于一个子陪集.

用相似的方法可以定义右陪集和讨论右陪集的性质.

如果 g 是有限群,它的阶是 h,那么它的子群 g_1 也是有限群.令 g_1 的阶是 l,那么所有左陪集所包含的元素的数目都相等.显然,g 所有的元素可以分为不同的左陪集,可见 $\frac{h}{l}=m$ 是一个正整数.我们称 m 为子群 g_1 在群 g 中的指数.

当然,不同的类中的元素的数目未必一定相等.

§3.5 不变子群,商群

设 g_1 是群 g 的一个子群,ag_1 和 cg_1 是二个左陪集.通常情况下,ag_1 中的一个元素和 cg_1 中的一个元素的乘积的集合,必再是一个左陪集.不难证明,若 g_1 的元素是

$$1,b_1,b_2,b_3,\cdots, \tag{3.17}$$

那么元素

$$a1a^{-1},\quad ab_1a^{-1},\quad ab_2a^{-1},\quad ab_3a^{-1},\cdots \tag{3.18}$$

的集合也形成一个子群,并以符号 ag_1a^{-1} 表示之,称为和 g_1 共轭的子群.若 a 是 g_1 中的一个元素,那么子群 g_1 和共轭子群 ag_1a^{-1} 就完全重合.但是若 a 并不是 g_1 的元素,那么 g_1 和 ag_1a^{-1} 就未必重合.

我们称子群 g_1 为一个不变子群,若所有的共轭子群 ag_1a^{-1} 都和 g_1 相重合,其中 a 可以是群 g 中的任何元素.

如果 g_1 是一个不变子群,那么左陪集 ag_1 中的元素和左陪集 cg_1 中的元素的乘积的集合也是一个左陪集,并且和左陪集 acg_1 相重合.我们可以将一个左陪集当做一个元素,将两个左陪集乘积所形成的左陪集当做这相应的两个元素的乘积,那么所有这些元素就形成一个群,称为商群,并以符号 g/g_1 表示.

注意不要将商群,g/g_1 和子群 g_1 混同起来.子群 g_1 的元素和群 g 的元素一样.商群的元素是子群 g_1 的左陪集.商群的单位元素就是子群 g_1.

同样,可以讨论右陪集的相应问题.显然,如果 g_1 是一个不变子群,那么左陪集

$$ag_1=ag_1a^{-1}a=g_1a \tag{3.19}$$

就和相应的右陪集重合.

阿贝尔群的一切子群都是不变子群.以一个 n 维空间 R_n 为例.设以这个空间中的矢量为元素,以矢量的加法作为元素间的乘法,那么这个 n 维空间中的所有矢量就形成一个阿贝尔群,其单位元素就相应于零矢量.设 $\boldsymbol{v}_1,\cdots,\boldsymbol{v}_m$ 生成一个子空间 γ,那么不难看出,子空间 γ 中所有的矢量形成一个子群.γ 和 R_n 中任何一个矢量相加就形成一个陪集.我们可以再选 $(n-m)$ 个矢量 $\boldsymbol{v}_{m+1},\cdots,\boldsymbol{v}_n$,和 $\boldsymbol{v}_1,\cdots,\boldsymbol{v}_m$ 合起来组成一组 n 个线性独立的矢量.那么矢量

$$\alpha_{m+1}\boldsymbol{v}_{m+1}+\cdots+\alpha_n\boldsymbol{v}_n \tag{3.20}$$

和 γ 相加就是一个陪集，其中 $\alpha_{m+1},\cdots,\alpha_n$ 是一组$(n-m)$个数. 因此每一个像(3.20)式所表示的矢量就相应于一个陪集，可以当做是商群的一个元素. 由 $\boldsymbol{v}_{m+1},\cdots,\boldsymbol{v}_n$ 生成的$(n-m)$维子空间就是商群 R_n/γ.

§3.6　群的同态、同构和群表示

我们称群 g 同态于群 $\bar{g}$，如果 g 中的每一个元素 a 对应于 $\bar{g}$ 中的一个确定的元素 $\bar{a}$，g 中二个元素 a 和 b 的乘积 ab 对应于 $\bar{g}$ 中相对应的元素 $\bar{a}$ 和 $\bar{b}$ 的乘积 $\bar{a}\bar{b}$，而且 $\bar{g}$ 中的每一个元素至少对应于 g 中的一个元素. 我们称 $\bar{g}$ 是群 g 的同态映像.

如果群 g 和群 $\bar{g}$ 的元素是一一对应的，并且元素的乘积也一一对应，那么我们称群 g 和群 $\bar{g}$ 相互同构；因为只是表示两个群的元素的符号不同，两个群的结构是完全相同的.

先举一个同态的例子. 不难看出，整数 1 和 -1 形成一个二阶群，当元素之间的乘积定义为数的乘积；显然，这个群是对称群 S_n 的同态映像，当我们令 1 对应于所有的偶置换，-1 对应于所有的奇置换. 不难看出，这个群和由

$$\left.\begin{aligned}\boldsymbol{x}&\rightarrow\boldsymbol{x},\\ \boldsymbol{x}&\rightarrow-\boldsymbol{x}\end{aligned}\right\} \tag{3.21}$$

两个变换形成的空间反射群是同构的.

如果 g 和 $\bar{g}$ 并不同构，但是 $\bar{g}$ 是 g 的同态映像，那么不难证明，g 中所有和 $\bar{g}$ 的单位元素对应的元素形成 g 中的一个不变子群 h. 因为设 g 中的元素

$$a_1,a_2,a_3,\cdots \tag{3.22}$$

和 $\bar{g}$ 中的单位元素 $\bar{1}$ 相对应，那么(3.22)中元素的乘积也对应于 $\bar{g}$ 中的 $\bar{1}$，因此也被包括在(3.22)之中. 此外不难证明，g 中的单位元素 1 也一定对应于 $\bar{g}$ 中的单位元素 $\bar{1}$. 令 g 中的单位元素 1 对应于 $\bar{g}$ 中的一个元素 $\bar{e}$，令 b 是 g 中任何一个元素，并令 $\bar{b}$ 是 $\bar{g}$ 中和 b 相对应的元素，那么必须有如下的对应：

$$1b=b,\quad \bar{e}\bar{b}=\bar{b}, \tag{3.23}$$

因此，$\bar{e}$ 显然是 $\bar{g}$ 的单位元素 $\bar{1}$. 由此可见，g 的单位元素 1 也被包括在(3.22)所列的元素之中. 不难看出 $a_1,a_2,\cdots$ 的逆也对应于 $\bar{g}$ 中的 $\bar{1}$，因为必须有如下的对应：

$$a_1a_1^{-1}=1,\quad \bar{1}\cdot\bar{1}=\bar{1}. \tag{3.24}$$

这就证明了(3.22)式中所列的元素形成 g 的一个子群. 而且这个子群 h 是一个不变子群. 因为从如下的对应

$$ba_1b^{-1}=a_1',\quad \bar{b}\,\bar{1}(\bar{b})^{-1}=\bar{1} \tag{3.25}$$

可以看出,和 h 相共轭的子群都和 h 重合.

不难看出,和 $\bar{g}$ 中某一个确定的元素相对应的 g 中的所有元素形成一个不变子群 h 的陪集. 因此 $\bar{g}$ 中的元素和 h 的陪集一一对应. 这也就是说,$\bar{g}$ 和商群 g/h 同构. 这样我们就证明了如下的定理:

定理 3.6.1(同态定理) 设群 $\bar{g}$ 是群 g 的同态映像,那么群 $\bar{g}$ 就同构于商群 g/h,h 是 g 中和 $\bar{g}$ 的单位元素相对应的所有元素形成的不变子群. 反过来说,每一个商群 g/h 都是群 g 的同态映像,当我们令 g 中的任何一个元素 a 和包括这个元素 a 的陪集相对应.

例如:由偶置换形成的交代群是对称群的不变子群,其相应的商群和由 1 和 −1 组成的二阶群同构.

同态概念的一个重要特殊情况是:$\bar{g}$ 是由矢量空间 R 中的线性变换所形成的群. 这就是说,群 g 中的每一个元素 a 和一个矢量空间中的一个非奇异线性变换 $\boldsymbol{A}$ 相对应,而且元素的积 ab 和相应的线性变换的积 $\boldsymbol{AB}$ 相对应. 我们称这一组线性变换(或矩阵)是群 g 的表示. 矢量空间的维数 n 称为表示的维数. 如果这个线性变换群同构群 g,那么表示就称为是一一的. 假使表示不是一一的,那么这个线性变换一定是一个商群 g/h 的一一表示.

第四章　群表示的一般理论

§4.1　等价表示

如果已经知道群 g 有一个表示：和群元素 $a,b,c,\cdots$ 相应的矩阵是

$$\boldsymbol{A},\boldsymbol{B},\boldsymbol{C},\cdots \tag{4.1}$$

那么可以立即从这一个表示求得无穷多个别的表示，令 $\boldsymbol{P}$ 为任何一个非奇异的、维数和(4.1)中矩阵的维数相同的矩阵. 令矩阵

$$\boldsymbol{A}' = \boldsymbol{PAP}^{-1},\quad \boldsymbol{B}' = \boldsymbol{PBP}^{-1},\quad \boldsymbol{C}' = \boldsymbol{PCP}^{-1},\ \cdots \tag{4.2}$$

与元素 $a,b,c,\cdots$ 相对应，那么(4.2)中的矩阵显然也是群 g 的一个表示. 利用相似变换，可以从一个表示得到无数其它的表示.

我们称两个表示为等价的，如果一个表示可以用相似变换从另一个表示得到. 如在第二章所说的，在矢量空间变换坐标系的时候，相应地表达一个线性变换的矩阵作一个相似变换. 因此等价表示可以理解为同一套线性变换在不同的坐标系中的不同表达式.

§4.2　可约表示和不可约表示

设在矢量空间 R 中存在一组非奇异线性变换，并是群 g 的一个表示. 如果存在一个既非零矢量也非整个空间 R 的子空间 γ，它在群 g 表示 D 的线性变换下变换为其自身，那么我们就称这个表示为可约的，称空间 R 对于群 g 是可约的，称子空间 γ 为对于群 g 不变的子空间.

为了得到关于可约表示比较具体的概念，我们选择一个坐标系，它的基矢是 $\boldsymbol{u}_1,\cdots,\boldsymbol{u}_n$，其中基矢 $\boldsymbol{u}_1,\cdots,\boldsymbol{u}_m$ 生成子空间 γ，那么必然有

$$\left.\begin{aligned}
\boldsymbol{Au}_i &= \sum_{j=i}^{m}\boldsymbol{u}_j p_{ji} \quad (i=1,\cdots,m),\\
\boldsymbol{Au}_k &= \sum_{j=1}^{m}\boldsymbol{u}_j q_{jk} + \sum_{j=m+1}^{n}\boldsymbol{u}_j s_{jk} \quad (k=m+1,\cdots,n),
\end{aligned}\right\} \tag{4.3}$$

其中 A 是和群元素 a 相应的线性变换. 在这个坐标系中，相应的矩阵具有如下的形式：

$$\boldsymbol{A}=\begin{pmatrix}\boldsymbol{P} & \boldsymbol{Q}\\ \boldsymbol{O} & \boldsymbol{S}\end{pmatrix},\tag{4.4}$$

其中 $\boldsymbol{P},\boldsymbol{Q},\boldsymbol{S}$ 为具有矩阵元 p_{ji},q_{jk},s_{jk} 的矩阵，$\boldsymbol{O}$ 是零矩阵. 显然，$\boldsymbol{P}$ 可以作为一个群 g 在空间 γ 中的一个表示，$\boldsymbol{S}$ 可以作为一个群 g 在商空间 R/γ 中的表示.

当然，基矢 $\boldsymbol{u}_{m+1},\cdots,\boldsymbol{u}_n$ 的选择有一定的任意性. 假使适当地选择这些基矢，有可能使 $\boldsymbol{Q}$ 也成为零矩阵，那么这些基矢 $\boldsymbol{u}_{m+1},\cdots,\boldsymbol{u}'_n$ 也生成一个对群 g 不变的子空间 γ'. 在这种情况下，我们说，空间 R 分解为两个不变子空间，并写做

$$R=\gamma+\gamma'.\tag{4.5}$$

这时我们称原来的表示为完全可约. 如果我们以符号 D 代表 R 空间中原来的表示，以符号 D_1 代表不变子空间 γ 中的表示，以符号 D_2 代表不变子空间 γ' 中的表示，那么我们说，表示 D 分解为表示 D_1 和表示 D_2，并写做

$$D=D_1+D_2.\tag{4.6}$$

如果 $\boldsymbol{A}$ 是幺正矩阵，那么当 $\boldsymbol{A}$ 使子空间 γ 变换为其自身，则也一定使和 γ 完全正交的子空间 γ' 变换为其自身. 因此如果群 g 的一个幺正矩阵表示是可约的，那么它一定是完全可约的，可以分解为其它表示之和. 不难看出，分解得到的每一个表示也是幺正矩阵表示.

如果群 g 在空间 R 中有一个表示，但是除零矢量和 R 自身以外，对于 g 没有别的不变子空间，那么我们称这个表示为不可约的.

由此可见，群 g 的任何有限维的幺正表示都可以分解为不可约的幺正表示之和.

可以证明，每一个有限群的表示都等价于一个幺正表示. 设有限群 g 有 N 个元素 $a_1,a_2,\cdots,a_N$，在群 g 的一个 n 维表示 D 中，其相应的矩阵为 $\boldsymbol{A}_1,\boldsymbol{A}_2,\cdots,\boldsymbol{A}_N$. 我们定义任何两个矢量 $\boldsymbol{x}$ 和 $\boldsymbol{y}$ 的数积为

$$\left.\begin{aligned}\langle \boldsymbol{y}\mid\boldsymbol{x}\rangle&=\sum_{s=1}^{N}\sum_{k=1}^{n}(\boldsymbol{A}_s\boldsymbol{y})_k^*(\boldsymbol{A}_s\boldsymbol{x})_k=\sum_{i,j}y_i^*g_{ij}x_j,\\ g_{ij}&=\sum_{s=1}^{N}\sum_{k=1}^{n}a_{ki}^{(s)*}a_{kj}^{(s)},\end{aligned}\right\}\tag{4.7}$$

其中$(\boldsymbol{A}_s\boldsymbol{x})_k$ 代表矢量 $\boldsymbol{A}_s\boldsymbol{x}$ 的第 k 个分量，$a_{kj}^{(s)}$ 为矩阵 $\boldsymbol{A}_s$ 的第 k 行第 j 列的矩阵元. 显然

$$\langle \boldsymbol{x} \mid \boldsymbol{x} \rangle = \sum_{s=1}^{N} \sum_{k=1}^{n} \mid (\boldsymbol{A}_s \boldsymbol{x})_k \mid^2 > 0. \tag{4.8}$$

因此这个 n 维空间是一个酉空间. 在这个空间中 $\boldsymbol{A}_1, \cdots, \boldsymbol{A}_N$ 都是幺正线性变换. 因为对于任何既定的 $\boldsymbol{A}_t$ 来说,

$$\begin{aligned} \langle \boldsymbol{A}_t \boldsymbol{y} \mid \boldsymbol{A}_t \boldsymbol{x} \rangle &= \sum_{s=1}^{N} \sum_{k=1}^{n} (\boldsymbol{A}_s \boldsymbol{A}_t \boldsymbol{y})_k^* (\boldsymbol{A}_s \boldsymbol{A}_t \boldsymbol{x})_k \\ &= \sum_{s=1}^{N} \sum_{k=1}^{n} (\boldsymbol{A}_s \boldsymbol{y})_k^* (\boldsymbol{A}_s \boldsymbol{x})_k = \langle \boldsymbol{y} \mid \boldsymbol{x} \rangle, \end{aligned} \tag{4.9}$$

这是由于当 $\boldsymbol{A}_s$ 跑遍 $\boldsymbol{A}_1, \boldsymbol{A}_2, \cdots, \boldsymbol{A}_N$, $\boldsymbol{A}_s \boldsymbol{A}_t$ 也跑遍 $\boldsymbol{A}_1, \boldsymbol{A}_2, \cdots, \boldsymbol{A}_N$ 的缘故. 如果我们变换到一个正交归一化的坐标系,那么 $\boldsymbol{A}_1, \boldsymbol{A}_2, \cdots, \boldsymbol{A}_N$ 就变换为幺正矩阵. 这就是说,群 g 的表示 D 是和一个幺正表示等价的. 因此如果有限群的一个表示是可约的,那么它一定是完全可约的.

§4.3　分解为不可约表示的唯一性

定理 4.3.1　如果 g 是一个群,在空间 R 中群 g 有一个表示 D,D 可以分解为一系列不可约的表示:

$$D = D_1 + D_2 + \cdots + D_h, \tag{4.10}$$

R 相应地分解为一系列不变子空间:

$$R = \gamma_1 + \gamma_2 + \cdots + \gamma_h, \tag{4.11}$$

而 α 是 R 中的一个不变子空间,那么可以证明 R 可以分解为

$$R = \alpha + \gamma_{\nu_1} + \gamma_{\nu_2} + \cdots + \gamma_{\nu_k}, \tag{4.12}$$

其中 r_{ν_i} $(i=1,2,\cdots,k)$ 是 $\gamma_1, \gamma_2, \cdots, \gamma_h$ 中的 k 个不可约不变子空间.

证明　首先引入并集子空间的定义. 设 α 和 β 是两个子空间,α 中任何一个矢量和 β 中任何一个矢量相加可以得到一个矢量,所有这些相加而得的矢量的集合形成一个新的子空间,我们称这个新的子空间为 α 和 β 的并集子空间,并以符号(α,β)表示之.

考察以下一系列不变子空间:

$$\left.\begin{aligned} \alpha_1 &= (\alpha, \gamma_1), \\ \alpha_2 &= (\alpha_1, \gamma_2), \\ &\vdots \\ \alpha_h &= (\alpha_{h-1}, \gamma_h), \end{aligned}\right\} \tag{4.13}$$

我们称既属于 α 又属于 β 的矢量的集合为 α 和 β 的交. 显然 α 和 γ_1 的交是 γ_1 中所包含的一个不变子空间,因为如果 $\boldsymbol{v}$ 既属于 α 又属于 γ_1,那么表示 D 中的矩阵作用在 $\boldsymbol{v}$ 上之后得到的矢量一定也是既属于 α 又属于 γ_1. 但是 γ_1 是不可约的,除了它自身和零矢量以外,没有别的不变子空间. 因此 α 和 γ_1 的交不是零矢量,就是 γ_1. 在前一种情形之下,

$$\alpha_1 = \alpha + \gamma_1; \tag{4.14}$$

在后一种情形之下

$$\alpha_1 = \alpha. \tag{4.15}$$

因此,α 要么包含 γ_1 的全部,要么就除了零矢量以外和 γ_1 没有共同的矢量. 用同样的方法考察 α_2,可以知道只有两种可能:

$$\alpha_2 = \alpha_1 + \gamma_2, \tag{4.16}$$

或

$$\alpha_2 = \alpha_1. \tag{4.17}$$

如此类推,检查 $\alpha_3, \alpha_4, \cdots, \alpha_h$. 这样就证明了(4.12)式.

定理 4.3.2 g 是一个群,D 是群 g 在空间 R 中的一个表示. 用一种方法,D 可以分解为一系列不可约的表示

$$D = D_1 + D_2 + \cdots + D_r, \tag{4.18}$$

R 相应地分解为一系列不变子空间

$$R = \gamma_1 + \gamma_2 + \cdots + \gamma_r; \tag{4.19}$$

用另一种方法,又可以将 D 分解为一系列不可约的表示

$$D = D^{(1)} + D^{(2)} + \cdots + D^{(s)}, \tag{4.20}$$

R 相应地分解为一系列不变子空间

$$R = \gamma^{(1)} + \gamma^{(2)} + \cdots + \gamma^{(s)}. \tag{4.21}$$

那么可以证明 $r=s$. 如果将 $D^{(1)}, D^{(2)}, \cdots, D^{(s)}$ 按另一适当的次序排列,那么它们就和 $D_1, D_2, \cdots, D_s$ 相对应,相互等价. 将 $\gamma^{(1)}, \gamma^{(2)}, \cdots, \gamma^{(s)}$ 按另一适当的次序排序,那么它们就和 $\gamma_1, \gamma_2, \cdots, \gamma_s$ 一一对应,相互同构.

证明 令

$$\alpha = \gamma^{(2)} + \gamma^{(3)} + \cdots + \gamma^{(s)}, \tag{4.22}$$

那么根据(4.12)式就有

$$R = \alpha + \sum \gamma_\nu, \tag{4.23}$$

其中 $\sum \gamma_\nu$ 代表若干 γ_ν 之和. 从(4.21)和(4.23)式可以看出,$\gamma^{(1)}$ 和 $\sum \gamma_\nu$ 都

同构于商空间R/α,因此它们也彼此同构:

$$\gamma^{(1)} \cong \sum \gamma_\nu. \tag{4.24}$$

由于$\gamma^{(1)}$是不可还原的不变子空间,因此$\sum \gamma_\nu$也必须是不可还原的.换言之,$\sum \gamma_\nu$中其实只有一项.如果将γ_ν标志适当,我们就将和$\gamma^{(1)}$同构的那个不变子空间标志为γ_1.因此我们有

$$\gamma^{(1)} \cong \gamma_1. \tag{4.25}$$

按照(4.21)式和(4.25)式,可以将R分解为

$$R = \gamma^{(2)} + \gamma^{(3)} + \cdots + \gamma^{(s)} + \gamma_1. \tag{4.26}$$

我们令

$$\beta = \gamma^{(3)} + \gamma^{(4)} + \cdots + \gamma^{(s)} + \gamma_1, \tag{4.27}$$

那么根据定理4.3.1,我们有

$$R = \beta + \sum{}' \gamma_\nu, \tag{4.28}$$

$\sum{}'\gamma_\nu$为一些γ_ν的和,但其中不包括γ_1.从(4.26)式和(4.28)式可知$\gamma^{(2)}$同构于$\sum{}'\gamma_\nu$:

$$\gamma^{(2)} \cong \sum{}' \gamma_\nu. \tag{4.29}$$

因此$\sum{}'\gamma_\nu$必须是不可还原的,因此其中只包含一项.在适当的标志下,这一项是γ_2,那么就有$\gamma^{(2)} \cong \gamma_2$.因此有

$$R = \gamma^{(3)} + \cdots + \gamma^{(s)} + \gamma_1 + \gamma_2. \tag{4.30}$$

如此类推,最后我们得

$$R = \gamma^{(s)} + \gamma_1 + \gamma_2 + \cdots + \gamma_{s-1}. \tag{4.31}$$

由此可知,$\gamma^{(s)}$同构于$\sum\limits_{\nu=s}^{r} \gamma_\nu$.由于$\gamma^{(s)}$是不可还原的,$\sum\limits_{\nu=s}^{r} \gamma_\nu$中只能有一项,因此必须有

$$r = s, \quad \gamma^{(s)} \cong \gamma_s. \tag{4.32}$$

由于γ_1和$\gamma^{(1)}$都同构于商空间R/α,因此D_1和$D^{(1)}$都等价于群g在商空间R/α中的表示.换言之,D_1和$D^{(1)}$彼此等价.用同样方法,可以证明D_ν等价于$D^{(\nu)}$($\nu=2,3,\cdots,s$).

由此可知,在将一个群的表示分解为不可约的表示之和时,不论用什么方法分解,得到的不可约表示是确定的.换言之,不同的方法分解得的不可

约表示彼此一一等价. 在这个意义上说,分解某一个表示为不可约表示具有唯一性.

§4.4 表示的乘积

设 $\boldsymbol{u}_1, \boldsymbol{u}_2, \cdots, \boldsymbol{u}_n$ 是一套 n 维空间 R_n 中的基矢. 在线性变换 $\boldsymbol{A}$ 中,基矢 $\boldsymbol{u}_i$ 的映像 $\boldsymbol{u}'_i$ 是

$$\boldsymbol{u}'_i = \sum_{j=1}^{n} \boldsymbol{u}_j a_{ji}; \tag{4.33}$$

设 $\boldsymbol{v}_1, \boldsymbol{v}_2, \cdots, \boldsymbol{v}_m$ 是一套 m 维空间 R_m 中的基矢. 在线性变换 $\boldsymbol{B}$ 中,基矢 $\boldsymbol{v}_k$ 的映像 $\boldsymbol{v}'_k$ 是

$$\boldsymbol{v}'_k = \sum_{l=1}^{m} \boldsymbol{v}_l b_{lk}; \tag{4.34}$$

我们可以定义一个 $n\times m$ 维的空间,以 $\boldsymbol{u}_i\boldsymbol{v}_k$ 作为其基矢,称为 R_n 和 R_m 的乘积空间. 在这个乘积空间中可以引进一个线性变换,在这个线性变换中 $\boldsymbol{u}_i\boldsymbol{v}_k$ 的映像是

$$\boldsymbol{u}'_i\boldsymbol{v}'_k = \sum_{j=1}^{n}\sum_{l=1}^{m} \boldsymbol{u}_j\boldsymbol{v}_l a_{ji} b_{lk}. \tag{4.35}$$

设

$$\boldsymbol{x} = \sum_{i=1}^{n}\sum_{k=1}^{m} c_{ik}\boldsymbol{u}_i\boldsymbol{v}_k, \tag{4.36}$$

那么其映像

$$\begin{aligned}\boldsymbol{y} &= \sum_{j=1}^{n}\sum_{l=1}^{m} d_{jl}\boldsymbol{u}_j\boldsymbol{v}_l = \sum_{i=1}^{n}\sum_{k=1}^{m} c_{ik}\boldsymbol{u}'_i\boldsymbol{v}'_k \\ &= \sum_{i=1}^{n}\sum_{k=1}^{m}\sum_{j=1}^{n}\sum_{l=1}^{m} c_{ik}\boldsymbol{u}_j\boldsymbol{v}_l a_{ji} b_{lk}.\end{aligned} \tag{4.37}$$

因此有

$$d_{jl} = \sum_i\sum_k a_{ji} b_{lk} c_{ik}$$

或

$$d_{jl} = a_{ji} b_{lk} c_{ik}. \tag{4.38}$$

显然,$a_{ji}b_{lk}$ 是矩阵外积 $\boldsymbol{A}\times\boldsymbol{B}$ 的矩阵元,我们称变换(4.35)式为乘积变换,并以符号 $\boldsymbol{A}\times\boldsymbol{B}$ 表示之.

对于一个群 g，在空间 R_n 和 R_m 中各有一个表示 D_n 和 D_m，其相应于群元素 a 的矩阵分别为 $\boldsymbol{A}$ 和 $\boldsymbol{B}$；那么在 nm 维的乘积空间中显然可以得到一个表示，相应于群元素 a 的矩阵是

$$\boldsymbol{A}\times\boldsymbol{B}, \tag{4.39}$$

我们称这个表示为乘积表示，并以符号 $D_n\times D_m$ 代表之. 由于在线性变换(4.38)中 $\boldsymbol{A}$ 和 $\boldsymbol{B}$ 所处的地位是对称的，因此假使我们令矩阵

$$\boldsymbol{B}\times\boldsymbol{A} \tag{4.40}$$

相应于群元素 a，便也得到群 g 的一个表示，并以符号 $D_m\times D_n$ 表示之. 表示 $D_n\times D_m$ 和表示 $D_m\times D_n$ 是等价的，因为它们代表同一个线性变换(4.38)，所不同者只是基矢 $\boldsymbol{u}_i\boldsymbol{v}_k$ 的次序有所改变而已. 事实上矩阵(4.39)和矩阵(4.40)只是行和列的次序不同，将矩阵(4.39)的行和列适当的重加排列，便可以得到矩阵(4.40). 矩阵(4.39)和矩阵(4.40)通过一个幺正变换彼此联系起来.

用同样方式可以定义二个以上表示的乘积表示：

$$D_l\times(D_m\times D_n)=(D_l\times D_m)\times D_n=D_l\times D_m\times D_n. \tag{4.41}$$

不难证明，两个幺正表示的乘积表示也是一个幺正表示.

一切群都具有一个最简单的表示，即群的每一个元素都由一维单位矩阵表示. 我们称这个表示为群的单位表示. 一个有兴趣的问题是，在什么条件之下一个乘积表示中可以分解出一个单位表示.

令 D 和 $\widetilde{D}$ 代表群 g 的两个不可约表示，与表示 D 相应的空间是 R，其一套基矢是$(\boldsymbol{u}_1,\boldsymbol{u}_2,\cdots,\boldsymbol{u}_n)$，与表示 $\widetilde{D}$ 相应的空间是 S，其基矢是$(\boldsymbol{v}_1,\boldsymbol{v}_2,\cdots,\boldsymbol{v}_m)$. 乘积表示 $D\times\widetilde{D}$ 中是不是包含一个单位表示的问题，等同于表示 $D\times\widetilde{D}$ 的 nm 维空间是不是包含一个不变矢量的问题.

在乘积空间中的任何矢量 $\boldsymbol{w}$ 可以表达为

$$\boldsymbol{w}=\sum_{i=1}^{n}\sum_{k=1}^{m}c_{ik}\boldsymbol{u}_i\boldsymbol{v}_k=\sum_{i=1}^{n}\boldsymbol{u}_i\boldsymbol{v}_1', \tag{4.42}$$

其中我们定义 $\boldsymbol{v}_1'$ 为

$$\boldsymbol{v}_1'=\sum_{k=1}^{m}c_{ik}\,\boldsymbol{v}_k. \tag{4.43}$$

如果 $\boldsymbol{w}$ 是一个不变矢量，那么在 $D\times\widetilde{D}$ 的所有线性变换中 $\boldsymbol{w}$ 都是不变的，令 a 是群 g 中的任何一个元素，那么必须有

$$aw = \sum_{i=1}^{n}(a\boldsymbol{u}_i)(a\boldsymbol{v}'_1) = \sum_{i=1}^{n}\boldsymbol{u}_i\boldsymbol{v}'_i. \tag{4.44}$$

为了书写方便,避免引进过多的符号,我们在(4.44)式中以及在以后的一些公式中用符号 a 同时代表在相应表示中和元素 a 相应的线性变换.令

$$a\boldsymbol{u}_i = \sum_{j=1}^{n}\boldsymbol{u}_j a_{ji}, \tag{4.45}$$

那么就有

$$\sum_{i=1}^{n}\sum_{j=1}^{n}\boldsymbol{u}_j a_{ji}(a\boldsymbol{v}'_i) = \sum_{i=1}^{n}\boldsymbol{u}_i\boldsymbol{v}'_i. \tag{4.46}$$

比较(4.44)和(4.46)式,就得

$$\boldsymbol{v}'_j = \sum_{i=1}^{n}a_{ji}(a\boldsymbol{v}'_i) = \sum_{i=1}^{n}\tilde{a}_{ij}(a\boldsymbol{v}'_i). \tag{4.47}$$

令 $a_{ji}=\tilde{a}_{ij}$,$\tilde{a}_{ij}$是和元素 a 相应的矩阵的转置矩阵第 i 行第 j 列的矩阵元.令矩阵$(\tilde{a}_{ij})$的逆矩阵的矩阵元是 b_{ij},那么就有

$$a\boldsymbol{v}'_i = \sum_{j=1}^{n}\boldsymbol{v}'_j b_{ji}, \tag{4.48}$$

$\boldsymbol{v}'_1,\cdots,\boldsymbol{v}'_n$是空间 S 中一套 n 个矢量,它们生成 S 中一个子空间,其维数等于或小于 n.从(4.48)式可以看出,这个子空间是一个不变子空间.但是 S 是不可约的,因此由$\boldsymbol{v}'_1,\boldsymbol{v}'_2,\cdots,\boldsymbol{v}'_n$生成的子空间就是 S 自己.因此我们有

$$m \leqslant n. \tag{4.49}$$

用同样的办法我们可以证明 $n\leqslant m$.因此必须有

$$n = m. \tag{4.50}$$

亦即空间 R 和空间 S 的维数必须相等.同时也可以知道$\boldsymbol{v}'_1,\cdots,\boldsymbol{v}'_n$是线性无关的,它们可以用来作为空间 S 中的基矢.在以后我们就用它们作为空间 S 中的基矢,并且为了写起来方便,将$\boldsymbol{v}'_i$中的一撇略去而写做$\boldsymbol{v}_i$.显然,从(4.48)式可以看出,在这个新的坐标系,表示 $\widetilde{D}$ 中和元素 a 相应的矩阵具有矩阵元 b_{ij}.以 $\boldsymbol{A}$ 代表具有矩阵元 a_{ij} 的矩阵,以 $\boldsymbol{B}$ 代表具有矩阵元 b_{ij} 的矩阵,那么就有

$$\boldsymbol{B} = (\widetilde{\boldsymbol{A}})^{-1}. \tag{4.51}$$

这样我们就得到了下面的定理:

定理 4.4.1 乘积表示 $D\times\widetilde{D}$ 中包含单位表示的充分和必要条件是:在适当地选择表示 $\widetilde{D}$ 中的基矢以后,表示 $\widetilde{D}$ 中的矩阵是表示 D 中相应矩阵的

转置矩阵的逆矩阵,相应的不变矢量是

$$\boldsymbol{\omega} = \sum_{i=1}^{n} \boldsymbol{u}_i \boldsymbol{v}_i. \tag{4.52}$$

在以上的讨论中,表示 D 和表示 $\widetilde{D}$ 所处的地位是对称的.这在(4.51)和(4.52)式中表现得很明显,从(4.51)式可以得

$$\boldsymbol{A} = (\widetilde{\boldsymbol{B}})^{-1}. \tag{4.53}$$

我们称任何两个表示 D 和 $\widetilde{D}$ 为相互共轭的表示,当它们的相应矩阵之间存在着关系(4.51)式.和每一个表示 D 相应,存在着一个共轭表示 $\widetilde{D}$.如果 D 是可约的,那么 $\widetilde{D}$ 也是可约的.反之,$\widetilde{D}$ 是可约的,那么 D 也是可约的.如果所讨论的是幺正表示,那么(4.51)式就变为

$$\boldsymbol{B} = \boldsymbol{A}^*. \tag{4.54}$$

因此在这种情况下,共轭表示中相应的矩阵就是相应的复数共轭矩阵.

设 D 是一个完全可约的表示,是下列不可约表示的和,

$$D = D_1 + D_2 + \cdots + D_n, \tag{4.55}$$

设 F 是一个不可约的表示,$\widetilde{F}$ 是和 F 相共轭的表示,那么 D 中包含有 $\widetilde{F}$ 的充分和必要条件是,在乘积表示

$$D \times F = D_1 \times F + D_2 \times F + \cdots + D_n \times F \tag{4.56}$$

分解为不可约表示的和的时候,其中包含有一个单位表示;因为在这种情况之下,一定有一个 D_ν 是 $\widetilde{F}$ 的表示.这样,我们就得到了下面的定理:

定理 4.4.2 在乘积表示 $D\times E$ 中包含不可约表示 $\widetilde{F}$ 的充分必要条件是:在乘积表示 $D\times E\times F$ 中包含至少一个单位表示.

当然在这个定理中,D,E 和 F 处于对称的地位,假使表示 D 和 E 也是不可约的话.

§4.5 舒尔引理

引理 4.5.1(舒尔(Schur)引理Ⅰ) 设 D 是群 g 的不可约表示.群的元素是 $a_1,a_2,\cdots$,表示 D 中相应的矩阵是 $\boldsymbol{A}_1,\boldsymbol{A}_2,\cdots$.如果有一个矩阵 $\boldsymbol{T}$,它和所有的矩阵 $\boldsymbol{A}_i(i=1,2,\cdots)$相互对易,那么 $\boldsymbol{T}$ 一定是单位矩阵和某一个数的乘积.换言之,设

$$\boldsymbol{A}_i\boldsymbol{T} = \boldsymbol{T}\boldsymbol{A}_i \quad (i = 1,2,\cdots), \tag{4.57}$$

那么就有

$$\boldsymbol{T} = \lambda \boldsymbol{I}, \tag{4.58}$$

其中 $\boldsymbol{I}$ 代表单位矩阵，λ 是一个数.

证明 设 R 是表示 D 的空间，λ 是 $\boldsymbol{T}$ 矩阵的一个本征值. 那么所有和本征值 λ 相应的本征矢量形成一个子空间 γ. 可以证明，对于群 g 的表示 D 来说，γ 是一个不变子空间. 若 $\boldsymbol{v}$ 为 γ 中的任何一个矢量，那么就有

$$\boldsymbol{Tv} = \lambda\boldsymbol{v} . \tag{4.59}$$

从(4.57)和(4.59)式可得

$$\boldsymbol{TA}_i\boldsymbol{v} = \boldsymbol{A}_i\boldsymbol{Tv} = \lambda\boldsymbol{A}_i\boldsymbol{v} \quad (i = 1,2,\cdots), \tag{4.60}$$

可见 $\boldsymbol{A}_i\boldsymbol{v}$ 也属于 γ. 因为表示 D 是不可约的，只有零矢量和 R 本身才是 R 的不变子空间；既然 γ 不等同于零矢量，它只能等同于整个 R 空间. 因此 R 中任何矢量 $\boldsymbol{v}$ 都满足(4.59)式，这样，我们就证明了(4.58)式.

引理 4.5.2(舒尔引理Ⅱ) 群 g 具有元素 $a_1, a_2, \cdots$. 它在 n 维空间 R_n 中有一个不可约的表示 D_n，其相应的矩阵为 $\boldsymbol{A}_1, \boldsymbol{A}_2, \cdots$；在 m 维空间 R_m 中有一个不可约表示 D_m，其相应的矩阵为 $\boldsymbol{B}_1, \boldsymbol{B}_2, \cdots$. 设有一个 n 行 m 列的矩阵 $\boldsymbol{T}$，满足条件

$$\boldsymbol{A}_i\boldsymbol{T} = \boldsymbol{TB}_i \quad (i = 1,2,\cdots), \tag{4.61}$$

那么 $\boldsymbol{T}$ 一定是零矩阵，当 D_n 和 D_m 不等价时.

证明 我们分三个情况考虑，首先考虑情况 $n>m$. 设 $\boldsymbol{v}$ 为空间 R_m 中的一个矢量，那么

$$\boldsymbol{u}=\boldsymbol{T}\boldsymbol{v} \tag{4.62}$$

具有 n 个分量，相应于空间 R_n 中的一个矢量. 可以证明，所有矢量 $\boldsymbol{u}$ 形成空间 R_n 中的一个不变子空间 γ. 因为

$$\boldsymbol{A}_i\boldsymbol{u} = \boldsymbol{A}_i\boldsymbol{Tv} = \boldsymbol{TB}_i\boldsymbol{v} , \tag{4.63}$$

$\boldsymbol{B}_i\boldsymbol{v}$ 属于空间 R_m，因此 $\boldsymbol{TB}_i\boldsymbol{v}$ 属于空间 γ. 但是子空间 γ 的维数不能大于 m，因此 γ 不可能等同于空间 R_n. 由于 R_n 是不可约的，它的仅有的不变子空间是零矢量和 R_n 本身，所以 γ 只包含有零矢量. 从(4.63)式可以看出，$\boldsymbol{T}$ 必须是一个零矩阵.

其次，让我们考虑 $n=m$ 的情况. 令 $\boldsymbol{T}$ 是非奇异矩阵，那么从(4.61)式就可以得

$$\boldsymbol{A}_i = \boldsymbol{TB}_i\boldsymbol{T}^{-1} \quad (i = 1,2,\cdots), \tag{4.64}$$

换言之，D_n 和 D_m 是等价的，这和原来的假设相矛盾. 因此 $\boldsymbol{T}$ 矩阵一定是奇异的. 亦即

$$\det\boldsymbol{T} = 0. \tag{4.65}$$

由此可知，空间 γ 的维数一定小于 m. 设 $\boldsymbol{e}_1, \boldsymbol{e}_2, \cdots, \boldsymbol{e}_n$ 是空间 R_n 中的基矢，$\boldsymbol{e}'_1, \boldsymbol{e}'_2, \cdots, \boldsymbol{e}'_n$ 是空间 R_m 中的基矢，那么空间 γ 是由下列的矢量生成：

$$\boldsymbol{w}_k = \boldsymbol{T}\boldsymbol{e}'_k = \sum_{l=1}^{n} \boldsymbol{e}'_l t_{lk} \quad (k = 1,2,\cdots,n), \tag{4.66}$$

t_{lk} 是矩阵 $\boldsymbol{T}$ 的矩阵元. 由(4.65)式显然可以找到一组系数 $c_1, c_2, \cdots, c_n$，使

$$\sum_{k=1}^{n} c_k \boldsymbol{w}_k = \sum_{l=1}^{n}\sum_{k=1}^{n} \boldsymbol{e}_l t_{lk} c_k = \boldsymbol{0}. \tag{4.67}$$

使(4.67)式得到满足的充分必要条件是

$$\sum_{k=1}^{n} t_{lk} c_k = 0 \quad (l = 1,2,\cdots,n). \tag{4.68}$$

由条件(4.65)可知，一定存在一套非零解 $c_1, c_2, \cdots, c_n$，这就证明 $\boldsymbol{w}_1, \boldsymbol{w}_2, \cdots, \boldsymbol{w}_n$ 是线性相关的，因此它们所生成的空间 γ 的维数一定小于 n. 由于 γ 是 R_n 的不变子空间，而 R_n 又是不可约的，因此 γ 只能是零矢量，$\boldsymbol{T}$ 只能是零矩阵.

最后，我们考虑第三种情况 $n<m$. 显然，所有满足条件

$$\boldsymbol{T}\boldsymbol{v} = \boldsymbol{0} \tag{4.69}$$

的矢量 $\boldsymbol{v}$ 形成空间 R_m 中的一个不变子空间 γ'. 因为

$$\boldsymbol{T}\boldsymbol{B}_i\boldsymbol{v} = \boldsymbol{A}_i\boldsymbol{T}\boldsymbol{v} = \boldsymbol{0}, \tag{4.70}$$

表明空间 γ' 不仅仅包含有零矢量. $\boldsymbol{v}$ 一般可用 R_m 的基矢表示，

$$\boldsymbol{v} = \sum_{k=1}^{m} c_k \boldsymbol{e}'_k, \tag{4.71}$$

那么条件(4.69)式就相应于

$$\sum_{k=1}^{m} t_{lk} c_k = 0 \quad (l = 1,2,\cdots,n). \tag{4.72}$$

由于变数 c_k 的数目大于方程的数目，一定存在着非零解. 既然 γ' 是 R_m 的一个不变子空间，R_m 是不可约的，而 γ' 又不等同于零矢量，可见 γ' 一定等同于 R_m. 因此 $\boldsymbol{T}$ 作用在 R_m 中所有的矢量上都得到零矢量，可见 $\boldsymbol{T}$ 一定是零矩阵.

§4.6　不可约表示和正交性

定理 4.6.1　设 g 是一个有限群，具有元素 $a_1, a_2, \cdots, a_N$. 设 D_n 是一个 n 维的不可约幺正表示，其相应的矩阵是 $\boldsymbol{A}^{(1)}, \boldsymbol{A}^{(2)}, \cdots, \boldsymbol{A}^{(N)}$. $\boldsymbol{A}^{(\mu)}$ 的矩阵元是

$$a_{ik}^{(\mu)} \qquad (i,k = 1,2,\cdots,n;\mu = 1,2,\cdots,N). \tag{4.73}$$

则有

$$\frac{1}{N}\sum_{\mu=1}^{N} a_{ik}^{(\mu)*} a_{i'k'}^{(\mu)} = \frac{1}{n}\delta_{ii'}\delta_{kk'}. \tag{4.74}$$

证明 令 $\boldsymbol{B}$ 为任何一个 n 维的矩阵,可以证明,矩阵

$$\boldsymbol{P} = \frac{1}{N}\sum_{\mu=1}^{N}\boldsymbol{A}^{(\mu)}\boldsymbol{B}[\boldsymbol{A}^{(\mu)}]^{-1} \tag{4.75}$$

和所有的矩阵 $\boldsymbol{A}^{(\nu)}$ 可以相互对易:

$$\boldsymbol{A}^{(\nu)}\boldsymbol{P} = \frac{1}{N}\sum_{\mu=1}^{N}\boldsymbol{A}^{(\nu)}\boldsymbol{A}^{(\mu)}\boldsymbol{B}[\boldsymbol{A}^{(\nu)}\boldsymbol{A}^{(\mu)}]^{-1}\boldsymbol{A}^{(\nu)}. \tag{4.76}$$

当 $\boldsymbol{A}^{(\mu)}$"跑"遍所有的元素,$\boldsymbol{A}^{(\nu)}\boldsymbol{A}^{(\mu)}$ 显然也"跑"遍表示 D_n 中所有的矩阵,因此有

$$\boldsymbol{A}^{(\nu)}\boldsymbol{P} = \boldsymbol{P}\boldsymbol{A}^{(\nu)} \quad (\nu = 1,2,\cdots,N). \tag{4.77}$$

根据引理 4.5.1,可知 $\boldsymbol{P}$ 一定是单位矩阵的倍数,亦即

$$\frac{1}{N}\sum_{\mu=1}^{N}\boldsymbol{A}^{(\mu)}\boldsymbol{B}[\boldsymbol{A}^{(\mu)}]^{-1} = \lambda(\boldsymbol{B})\boldsymbol{I}, \tag{4.78}$$

其中数 λ 当然依赖于矩阵 B 的具体形式. 由于表示是幺正的,可以将上式写做

$$\frac{1}{N}\sum_{\mu=1}^{N}\boldsymbol{A}^{(\mu)}\boldsymbol{B}[\boldsymbol{A}^{(\mu)}]^{\dagger} = \lambda(\boldsymbol{B})\boldsymbol{I}. \tag{4.79}$$

(4.79)式可以明显地表达为

$$\frac{1}{N}\sum_{\mu=1}^{N}\sum_{j,l=1}^{n} a_{ij}^{(\mu)} b_{jl} a_{kl}^{(\mu)*} = \lambda(\boldsymbol{B})\delta_{ik}. \tag{4.80}$$

为了求 $\lambda(\boldsymbol{B})$,我们令上式中的 k 等于 i,并对 i 求和,就得

$$\begin{aligned} n\lambda(\boldsymbol{B}) &= \frac{1}{N}\sum_{\mu=1}^{N}\sum_{i,j,l=1}^{n} a_{ij}^{(\mu)} a_{il}^{(\mu)*} b_{jl} \\ &= \frac{1}{N}\sum_{\mu=1}^{N}\sum_{j,l=1}^{n} b_{jl}\delta_{jl} = \sum_{l=1}^{n} b_{ll}. \end{aligned} \tag{4.81}$$

具体地令(4.75)式中的 $\boldsymbol{B}$ 矩阵的元素

$$b_{jl} = \delta_{jp}\delta_{lq}, \tag{4.82}$$

那么

$$n\lambda(\boldsymbol{B}) = \sum_{l=1}^{n}\delta_{lp}\delta_{lq} = \delta_{pq}, \tag{4.83}$$

同时(4.80)式就成为

$$\frac{1}{N}\sum_{\mu=1}^{N}\sum_{j,l=1}^{n} a_{ij}^{(\mu)}\delta_{jp}\delta_{lq} a_{kl}^{(\mu)*} = \frac{1}{N}\sum_{\mu=1}^{N} a_{jp}^{(\mu)} a_{kq}^{(\mu)*} = \frac{1}{n}\delta_{pq}\delta_{ik}. \tag{4.84}$$

这样就证明了(4.74)式.

定理 4.6.2(正交性定理) 设 g 是一个有限群,有元素 $a_1,a_2,\cdots,a_N$. 设 D_n 和 D_m 是两个不等价的不可约幺正表示. 表示 D_n 是 n 维的,其矩阵是 $\boldsymbol{A}^{(1)},\boldsymbol{A}^{(2)},\cdots,\boldsymbol{A}^{(N)}$,矩阵 $\boldsymbol{A}^{(\mu)}$ 的矩阵元是

$$a_{ik}^{(\mu)} \quad (i,k=1,2,\cdots,n;\mu=1,2,\cdots,N); \tag{4.85}$$

表示 D_m 是 m 维的,其矩阵是 $\boldsymbol{C}^{(1)},\boldsymbol{C}^{(2)},\cdots,\boldsymbol{C}^{(N)}$,矩阵 $\boldsymbol{C}^{(\mu)}$ 的矩阵元是

$$c_{jl}^{(\mu)} \quad (j,l=1,2,\cdots,m;\mu=1,2,\cdots,N). \tag{4.86}$$

那么有

$$\frac{1}{N}\sum_{\mu=1}^{N} c_{jl}^{(\mu)*}\, a_{ik}^{(\mu)} = 0. \tag{4.87}$$

证明 令 $\boldsymbol{B}$ 是任何一个 n 行 m 列的矩阵,

$$\boldsymbol{P} = \frac{1}{N}\sum_{\mu=1}^{N} \boldsymbol{A}^{(\mu)}\boldsymbol{B}[\boldsymbol{C}^{(\mu)}]^{-1}, \tag{4.88}$$

可以证明

$$\boldsymbol{A}^{(\nu)}\boldsymbol{P} = \boldsymbol{P}\boldsymbol{C}^{(\nu)} \quad (\nu=1,2,\cdots,N), \tag{4.89}$$

因为

$$\begin{aligned}\boldsymbol{A}^{(\nu)}\boldsymbol{P} &= \frac{1}{N}\sum_{\mu=1}^{N} \boldsymbol{A}^{(\nu)}\boldsymbol{A}^{(\mu)}\boldsymbol{B}[\boldsymbol{C}^{(\mu)}]^{-1} \\ &= \frac{1}{N}\sum_{\mu=1}^{N} \boldsymbol{A}^{(\nu)}\boldsymbol{A}^{(\mu)}\boldsymbol{B}[\boldsymbol{C}^{(\nu)}\boldsymbol{C}^{(\mu)}]^{-1}\boldsymbol{C}^{(\nu)} \\ &= \boldsymbol{P}\boldsymbol{C}^{(\nu)}.\end{aligned} \tag{4.90}$$

根据引理 4.5.2,$\boldsymbol{P}$ 一定是一个零矩阵,因此有

$$\frac{1}{N}\sum_{\mu=1}^{N} \boldsymbol{A}^{(\nu)}\boldsymbol{B}[\boldsymbol{C}^{(\mu)}]^{-1} = 0. \tag{4.91}$$

上式可以明显地表示为

$$\frac{1}{N}\sum_{\mu=1}^{N} a_{ik}^{(\mu)} b_{kj} c_{lj}^{(\mu)*} = 0. \tag{4.92}$$

令

$$b_{kj} = \delta_{kk'}\delta_{jj'}, \tag{4.93}$$

那么就有

$$\frac{1}{N}\sum_{\mu=1}^{N} c_{lj'}^{(\mu)*}\, a_{ik'}^{(\mu)} = 0. \tag{4.94}$$

这就证明了(4.87)式.

可以将

$$a_{ik}^{(\mu)} \quad (\mu = 1,\cdots,N) \tag{4.95}$$

当做一个 N 维空间中的矢量的分量. 从(4.74)式可知,一个不可约的幺正表示 D_n 给出了 n^2 个相互正交的这种矢量. 由于它们的正交性,它们当然是线性无关的. 在一个 N 维的空间中最多只能有 N 个线性无关的矢量,因此一定有

$$n^2 \leqslant N. \tag{4.96}$$

同样地可以证明,假使有两个不等价的幺正表示 D_n 和 D_m,如定理 4.6.2 中所定义的,那么一定有

$$n^2 + m^2 \leqslant N. \tag{4.97}$$

§4.7　完备性定理

设 g 是一个 N 阶的有限群,具有元素 $a_1,a_2,\cdots,a_N$,若 $\boldsymbol{x}=(x_1,x_2,\cdots,x_N)$是一个 N 维空间 R_N 中任何一个矢量,让我们引入表式

$$\boldsymbol{x} = \sum_{\mu=1}^{N} x_\mu a_\mu, \tag{4.98}$$

则群元素 a_ν 按群乘法作用在 $\boldsymbol{x}$ 上,

$$a_\nu \boldsymbol{x} = \sum_{\mu=1}^{N} x_\mu a_\nu a_\mu = \sum_{\mu=1}^{N} y_\mu a_\mu. \tag{4.99}$$

当 a_μ 跑遍所有的元素,那么 $a_\nu a_\mu$ 也跑遍所有的元素. 因此可以将矢量 $\boldsymbol{y}(y_1,y_2,\cdots,y_N)$当做矢量 $\boldsymbol{x}$ 的一个映像,并写为

$$\boldsymbol{y} = \boldsymbol{A}^{(\nu)} \boldsymbol{x}, \tag{4.100}$$

$\boldsymbol{A}^{(\nu)}$ 代表产生这个映像的数学变换. 不难看出,变换 $\boldsymbol{A}^{(\nu)}$ 是线性的,亦即

$$\boldsymbol{A}^{(\nu)}(\boldsymbol{x}^{(1)} + \boldsymbol{x}^{(2)}) = \boldsymbol{A}^{(\nu)}\boldsymbol{x}^{(1)} + \boldsymbol{A}^{(\nu)}\boldsymbol{x}^{(2)}. \tag{4.101}$$

不难证明,如果有

$$a_\nu a_\mu = a_\omega, \tag{4.102}$$

那么相应地有

$$\boldsymbol{A}^{(\nu)}\boldsymbol{A}^{(\mu)} = \boldsymbol{A}^{(\omega)}. \tag{4.103}$$

因此,$\boldsymbol{A}^{(\mu)}$ 构成群 g 的一个 N 维表示,称为正则表示,并以 D_N 代表之. 可以将 D_N 分解为一系列不同的幺正表示 $D_{n_1},D_{n_2},\cdots,D_{n_{p_0}}$ 之和:

$$D_N = D_{n_1} + D_{n_2} + \cdots + D_{n_{p_0}}, \tag{4.104}$$

空间 R_N 亦即可分解为 p_0 个不变子空间的和：

$$R_N = R_{n_1} + R_{n_2} + \cdots + R_{n_{p_0}}. \tag{4.105}$$

让我们在 R_{n_q} 中选择出如下一套基矢：

$$\boldsymbol{e}_1^{(q)}, \boldsymbol{e}_2^{(q)}, \cdots, \boldsymbol{e}_{n_q}^{(q)}, \tag{4.106}$$

使所有的等价表示中的相应矩阵相同，不难看出：

$$n_1 + n_2 + \cdots + n_{p_0} = N. \tag{4.107}$$

显然，空间 R_N 中的任何矢量 $\boldsymbol{x}$ 可以表达为

$$\boldsymbol{e}_\alpha^{(q)} \quad (q = 1,2,\cdots,p_0;\ \alpha = 1,2,\cdots,n_q) \tag{4.108}$$

的线性叠加.

我们以符号 $\boldsymbol{T}^{(q)}(a_\mu)$ 代表表示 D_{n_q} 中和元素 $a_\mu(\mu=1,2,\cdots,N)$ 相应的矩阵，并以

$$T_{ik}^{(q)}(a_\mu) \quad (i,k = 1,2,\cdots,n_q) \tag{4.109}$$

代表其矩阵元. 在上节中已经证明，当 q,i,k 取一定值时，N 个数

$$T_{ik}^{(q)}(a_\mu) \quad (\mu = 1,2,\cdots,N) \tag{4.110}$$

可以当做一个 N 维矢量的分量，而且与不同的 i 和 k 相应，一共有 n_q^2 个相互正交的矢量. 可以证明，任何基矢(4.108)的复数共轭可以表示为(4.110)式中 n_q^2 个矢量的叠加.

我们令 $(e_{\alpha1}^{(q)}, e_{\alpha2}^{(q)}, \cdots, e_{\alpha N}^{(q)})$ 代表基矢 $\boldsymbol{e}_\alpha^{(q)}$ 的分量，引进表示式

$$\boldsymbol{e}_\alpha^{(q)} = \sum_{\mu=1}^{N} e_{\alpha\mu}^{(q)} a_\mu, \tag{4.111}$$

乘上 $(a_\nu)^{-1}$，得

$$(a_\nu)^{-1}\boldsymbol{e}_\alpha^{(q)} = \sum_{\mu=1}^{N} e_{\alpha\mu}^{(q)} (a_\nu)^{-1} a_\mu. \tag{4.112}$$

另一方面有

$$\boldsymbol{T}^{(q)}(a_\nu^{-1})\boldsymbol{e}_\alpha^{(q)} = \sum_{\beta=1}^{n_q} \boldsymbol{e}_\beta^{(q)} T_{\beta\alpha}^{(q)}(a_\nu^{-1}). \tag{4.113}$$

令 a_1 为单位元素，比较(4.112)式和(4.113)式中相应于 a_1 的分量，得

$$\boldsymbol{e}_{\alpha\nu}^{(q)} = \sum_{\beta=1}^{n_q} \boldsymbol{e}_{\beta1}^{(q)} T_{\beta\alpha}^{(q)}(a_\nu^{-1}). \tag{4.114}$$

由于表示是幺正的，有

$$\boldsymbol{T}^{(q)}(a_\nu^{-1}) = \boldsymbol{T}^{(q)\dagger}(a_\nu), \quad T_{\beta\alpha}^{(q)}(a_\nu^{-1}) = T_{\alpha\beta}^{(q)*}(a_\nu), \tag{4.115}$$

代入(4.114)式,得

$$\boldsymbol{e}_{\alpha\nu}^{(q)} = \sum_{\beta=1}^{n_q} T_{\alpha\beta}^{(q)*}(a_\nu)\boldsymbol{e}_{\beta 1}^{(q)}. \tag{4.116}$$

(4.116)式的复数共轭式是

$$\boldsymbol{e}_{\alpha\nu}^{(q)*} = \sum_{\beta=1}^{n_q} T_{\alpha\beta}^{(q)}(a_\nu)\boldsymbol{e}_{\beta 1}^{(q)*}, \tag{4.117}$$

设 $\boldsymbol{x}^*(x_1^*,\cdots,x_N^*)$为 $\boldsymbol{x}(x_1,\cdots,x_N)$空间 R_N 中任何矢量的复数共轭矢量,那么 $\boldsymbol{x}^*$ 一定可以表达为 $\boldsymbol{e}_\alpha^{(q)}$ 的线性叠加:

$$\left.\begin{aligned} \boldsymbol{x}^* &= \sum_{q=1}^{p_0}\sum_{\alpha=1}^{n_q} c_{q\alpha}^* \boldsymbol{e}_\alpha^{(q)}, \\ \boldsymbol{x} &= \sum_{q=1}^{p_0}\sum_{\alpha=1}^{n_q} c_{q\alpha} \boldsymbol{e}_\alpha^{(q)*}. \end{aligned}\right\} \tag{4.118}$$

利用(4.117)式,可得

$$x_\nu = \sum_{q=1}^{p_0}\sum_{\alpha=1}^{n_q}\sum_{\beta=1}^{n_q} c_{q\alpha} T_{\alpha\beta}^{(q)}(a_\nu)\boldsymbol{e}_{\beta 1}^{(q)*}. \tag{4.119}$$

将(4.119)式中相互等价的不可约表示的贡献合并在一起,形式上可写为

$$x_\nu = \sum_{q=1}^{p_0}\sum_{\alpha=1}^{n_q}\sum_{\beta=1}^{n_q} f_{\alpha\beta}^{(q)} T_{\alpha\beta}^{(q)}(a_\nu), \tag{4.120}$$

其中 $f_{\alpha\beta}^{(q)}=c_{q\alpha}\,\boldsymbol{e}_{\beta 1}^{(q)*}$ 把相互等价不可约表示的贡献进行了合并;$T_{\alpha\beta}^{(q)}(a_\nu)$是表示

$$\boldsymbol{T}^{(q)} \quad (q=1,2,\cdots,p_0) \tag{4.121}$$

的矩阵元.现在,如果(4.104)式所有不等价的不可约表示的矩阵,由于 $\boldsymbol{x}$ 是 N 维空间中的任何矢量,因此矢量

$$T_{\alpha\beta}^{(q)} \quad (q=1,2,\cdots,p_0;\alpha,\beta=1,\cdots,n_q) \tag{4.122}$$

集合中一定包含 N 个线性无关的矢量,亦即

$$\sum_{q=1}^{p_0} n_q^2 \geqslant N; \tag{4.123}$$

另外一方面,应用所得到的(4.97)式的推理,可以知道对所有不可约的不等价的表示求和,有

$$\sum_{q=1}^{p_0} n_q^2 \leqslant N, \tag{4.124}$$

其中全部不可约不等价的表示是 p_0 个.比较(4.123)和(4.124)式,可知正则

表示中已经包含了所有的不可约的不等价的表示，并且有

$$\sum_{q=1}^{p_0} n_q^2 = N. \tag{4.125}$$

这样，我们就得到如下的定理：

定理 4.7.1(勃恩赛特(Burnside)定理) 所有不等价的不可约的表示的维数的平方的和等于群的阶数.

定理 4.7.2(完备性定理) 任何 N 维空间中的矢量可以由所有不可约的不等价表示中的矩阵元

$$T_{\alpha\beta}^{(q)} \quad (q = 1,2,\cdots,p_0;\alpha,\beta = 1,\cdots,n_q), \tag{4.126}$$

所形成的 N 个 N 维矢量的叠加加以表示.

§4.8 特 征 标

前几节中所证明的舒尔引理、正交性定理、勃恩赛特定理、完备性定理是判断表示的可约性、等价性以及完备性的重工具. 但是应用这些定理常常需要知道表示的明显表示. 最好能利用表示的矩阵中所包含的不变量来判断表示的性质，这样的判断就不依赖表示空间中坐标系的选择，亦即不依赖于表示的明显形式.

矩阵的最简单的不变量是它的迹. 我们称一个表示的矩阵的一套迹为这个表示的特征标. 显然，相互等价表示的特征标是相同的. 从§4.6中所证明的正交性定理可以看出，不等价的不可约表示的特征标相互正交. 设以 $\chi_\nu^{(q)}$ 和 $\chi_\nu^{(p)}$ 代表两个不等价不可约表示的和元素 a_ν 相应的特征标，那么就有

$$\frac{1}{N}\sum_{\nu=1}^{N}\chi_\nu^{(p)*}\chi_\nu^{(q)} = 0. \tag{4.127}$$

不难证明

$$\frac{1}{N}\sum_{\nu=1}^{N}\chi_\nu^{*}\chi_\nu = 1, \tag{4.128}$$

其中 χ_ν 是任何一个不可约表示的特征标. 证明如下：设以 n 代表表示的维数，那么根据(4.74)式就得

$$\frac{1}{N}\sum_{\nu=1}^{N}\chi_\nu^{*}\chi_\nu = \frac{1}{N}\sum_{\nu=1}^{N}\Big(\sum_{i=1}^{n}a_{ii}^{(\nu)}\Big)^{*}\Big(\sum_{k=1}^{n}a_{kk}^{(\nu)}\Big)$$

$$= \frac{1}{n} \sum_{i=1}^{n} \sum_{k=1}^{n} \delta_{ik} \delta_{ik} = \frac{1}{n} \sum_{i=1}^{n} \delta_{ii} = 1. \tag{4.129}$$

可以将(4.127)和(4.128)式合写为一个公式：

$$\frac{1}{N} \sum_{\nu=1}^{N} \chi_{\nu}^{(p)*} \chi_{\nu}^{(q)} = \delta_{pq}. \tag{4.130}$$

知道了某一个表示的特征标 χ_{ν}，那么利用(4.130)式就可以判断表示是否可约. 假使同时也知道各个不可约表示的特征标 $\chi_{\nu}^{(q)}$，那么就可以利用(4.130)式求得某一个表示中所包含的各种不可约表示的次数. 设某一个表示中包含不可约表示 D_{n_q} 共 m_q 次，那么就有

$$\chi_{\nu} = \sum_{q=1}^{p_0} m_q \chi_{\nu}^{(q)}, \tag{4.131}$$

利用(4.130)式，就得

$$\frac{1}{N} \sum_{\nu=1}^{N} \chi_{\nu}^{(q)*} \chi_{\nu} = m_q. \tag{4.132}$$

从(4.132)式可以得出结论：如果二个表示的特征标相同，那么它们一定是等价的.

利用(4.130)式，又可以得

$$\frac{1}{N} \sum_{\nu=1}^{N} \chi_{\nu}^{*} \chi_{\nu} = \sum_{q} m_q^2. \tag{4.133}$$

(4.133)式是判断某一个表示是否可约的一个很方便的工具.

不难看出，共轭元素的特征标是相等的：设 a,b,c 是三个群元素. 在某一表示中它们的相应矩阵是 $\boldsymbol{A},\boldsymbol{B},\boldsymbol{C}$，相应的矩阵元是 a_{ik},b_{ik},c_{ik}. 设 a 和 b 是相互共轭的元素，并有

$$a = cbc^{-1}, \qquad \boldsymbol{A} = \boldsymbol{C}\boldsymbol{B}\boldsymbol{C}^{-1}, \tag{4.134}$$

那么

$$\begin{aligned} \sum_{i=1}^{n} a_{ii} &= \sum_{i,j,k} c_{ij} b_{jk} (c^{-1})_{ki} = \sum_{j,k} b_{jk} \Big(\sum_{i} (c^{-1})_{ki} c_{ij} \Big) \\ &= \sum_{j,k} b_{jk} \delta_{jk} = \sum_{j} b_{jj}. \end{aligned} \tag{4.135}$$

因此，在任何表示中，同一个类中的元素的特征标都是相等的. 可以说，特征标是类的函数. 可以证明，所有类的函数都可以展开为不可约表示的特征标的叠加.

定理 4.8.1 设有限群 g 是 N 阶的，具有元素 $a_1, a_2, \cdots, a_N$. 群 g 一共有 p_0 个不等价不可约表示 $D_{n_1}, D_{n_2}, \cdots, D_{n_{p_0}}$. 其中和元素 a_ν 相应的矩阵是 $\boldsymbol{T}^{(q)}(a_\nu)(q=1,2,\cdots,p_0)$，相应的特征标是 $\chi_\nu^{(q)}$. 设 N 维矢量 $\boldsymbol{x}=(x_1, x_2, \cdots, x_N)$ 是类的函数，亦即设 a_μ 和 a_ν 是共轭元素，那么就有 $x_\mu=x_\nu$. 那么 $\boldsymbol{x}$ 可以写为如下的形式

$$\boldsymbol{x} = \sum_{q=1}^{p_0} c_q \boldsymbol{\chi}^{(q)}, \tag{4.136}$$

其中 $\boldsymbol{\chi}^{(q)}$ 是具有分量 $(\boldsymbol{\chi}_1^{(q)}, \boldsymbol{\chi}_2^{(q)}, \cdots, \boldsymbol{\chi}_N^{(q)})$ 的矢量.

证明 按照(4.120)式，可以将 x_ν 写做

$$x_\nu = \sum_{q=1}^{p_0} \sum_{\alpha=1}^{n_q} \sum_{\beta=1}^{n_q} f_{\alpha\beta}^{(q)} T_{\alpha\beta}^{(q)}(a_\nu). \tag{4.137}$$

设 $a_\mu = a_\rho a_\nu a_\rho^{-1}$，那么就有

$$x_\mu = x_\nu = \sum_{q=1}^{p_0} \sum_{\alpha=1}^{n_q} \sum_{\beta=1}^{n_q} f_{\alpha\beta}^{(q)} T_{\alpha\beta}^{(q)}(a_\rho a_\nu a_\rho^{-1}). \tag{4.138}$$

考虑到表示的幺正性，我们有

$$T_{\alpha\beta}^{(q)}(a_\rho a_\nu a_\rho^{-1}) = \sum_{\gamma=1}^{n_q} \sum_{\delta=1}^{n_q} T_{\alpha\gamma}^{(q)}(a_\rho) T_{\gamma\delta}^{(q)}(a_\nu) T_{\beta\delta}^{(q)*}(a_\rho). \tag{4.139}$$

将(4.139)式代入(4.138)式，令 a_ρ 跑遍所有的元素，求(4.138)式的平均，并且利用正交性定理，那么就得到

$$\begin{aligned} x_\mu &= \sum_{q=1}^{p_0} \sum_{\alpha,\beta,\gamma,\delta=1}^{n_q} f_{\alpha\beta}^{(q)} T_{\gamma\delta}^{(q)}(a_\nu) \frac{1}{n_q} \delta_{\alpha\beta} \delta_{\gamma\delta} \\ &= \sum_{q=1}^{p_0} \sum_{\alpha,\gamma=1}^{n_q} \frac{1}{n_q} f_{\alpha\alpha}^{(q)} T_{\gamma\gamma}^{(q)}(a_\nu). \end{aligned} \tag{4.140}$$

我们令

$$\sum_{\alpha=1}^{n_q} \frac{1}{n_q} f_{\alpha\alpha}^{(q)} = c_q, \tag{4.141}$$

代入(4.140)式，就得

$$x_\nu = \sum_{q=1}^{p_0} c_q \chi_\nu^{(q)}. \tag{4.142}$$

这就证明了(4.136)式.

若群元素可以分为 s 个类时，那么 $\boldsymbol{x}$ 作为类的函数，只有 s 个独立的分量. 因此所有这些矢量形成一个 s 维的子空间，$\boldsymbol{\chi}^{(q)}(q=1,2,\cdots,p_0)$ 相应于这个子空间中 p_0 个线性独立的矢量. 由于所有这个子空间里的矢量 $\boldsymbol{x}$ 都能表达为 $\boldsymbol{\chi}^{(q)}$ 的叠加，必须具有 $p_0=s$. 因此我们得到如下的定理.

定理 4.8.2 不等价的不可约表示的个数等于共轭元素类的个数.

令 $a_1, a_2, \cdots, a_{p_0}$ 为 p_0 个不相互共轭的元素. 设和 a_ν 相互共轭的元素，包括 a_ν 自己在内，一共有 ρ_ν 个. 引进符号

$$f_\nu^{(q)}=\sqrt{\frac{\rho_\nu}{N}}\chi_\nu^{(q)}, \tag{4.143}$$

那么(4.130)式就可以写做

$$\sum_{\nu=1}^{p_0} f_\nu^{(q)*} f_\nu^{(p)}=\delta_{pq} \quad (p,q=1,2,\cdots,p_0). \tag{4.144}$$

从上式可得

$$\sum_{q=1}^{p_0} f_\mu^{(q)*} f_\nu^{(q)}=\sqrt{\frac{\rho_\nu \rho_\mu}{N}} \sum_{q=1}^{p_0} \chi_\mu^{(q)*} \chi_\nu^{(q)}=\delta_{\mu\nu}, \tag{4.145}$$

亦即

$$\sum_{q=1}^{p_0} \chi_\mu^{(q)*} \chi_\nu^{(q)}=\frac{N}{\rho_\mu}\delta_{\mu\nu}. \tag{4.146}$$

应该指出，§4.6—§4.8 中所证明的正交性定理、完备性定理和勃恩赛特定理以及由此而得到的推论可以应用于有限群，而在推广到无限群上去的时候将受到一定的限制. 首先，有限群的任何表示都等价于幺正表示. 因此，任何有限群的任何表示要么是不可约的，要么是完全可约的. 这一结论对于无限群的表示未必一定成立. 证明有限群的表示等价于幺正表示的关键是(4.7)式. 如果(4.7)式中所定义的表式存在，那么证明就可以进行下去；如果(4.7)式中所定义的表式根本不存在. 那么这样的证明就进行不下去.

次之，在证明正交性定理时，我们引进由(4.75)式所定义的矩阵 $\boldsymbol{P}$；在无限群的情况下，表式 $\boldsymbol{P}$ 是否存在并不是显然的. 完备性定理也不能自动搬到无限群上去. 但是对于一些物理学中重要的无限群来说，与(4.7)和(4.75)式等相应定义的表式仍然存在，§4.6—§4.8中的大部分定理仍然有效.

§4.9 应用实例

(1) 循环群的表示. 我们称一个群为循环群,如果它的任何元素可以表达为某一个一定的元素的乘方,亦即它的元素可以表达为:$1,a,a^2,\cdots,a^{n-1}$,并有 $a^n=1$. 首先讨论循环群的一维表示,亦即群元素由数来表示. 设群元素 a 由数 α 表示,那么必须有 $\alpha^n=1$,一共有 n 个根:

$$\alpha = e^{\frac{i}{n}2\pi m} \quad (m = 0,1,\cdots,n-1), \tag{4.147}$$

因此与之相应,有 n 个不等价的一维表示. 根据勃恩赛特定理,这也是全部不可约的表示.

不难看出,对称群 S_2 是和二阶循环群同构的,一共只有两个群元素:

$$1 = \begin{pmatrix}1 & 2\\ 1 & 2\end{pmatrix}, \quad a = \begin{pmatrix}1 & 2\\ 2 & 1\end{pmatrix}, \tag{4.148}$$

并有 $a^2=1$. 因此对称群 S_2 只有两个一维的不可约表示.

(2) 任何阿贝尔群的幺正表示都可以还原为一维表示之和,因为相互对易的幺正矩阵可以同时转换成对角矩阵. 以二维空间中的旋转群为例:以 D_φ 代表旋转角等于 φ 的群元素,那么就有

$$D_{\varphi_1}D_{\varphi_2} = D_{\varphi_2}D_{\varphi_1} = D_{\varphi_1+\varphi_2}. \tag{4.149}$$

令群元素 D_φ 的一维表示为 $\chi(\varphi)$,则

$$\chi(\varphi_1+\varphi_2) = \chi(\varphi_1)\chi(\varphi_2). \tag{4.150}$$

这一方程的连续解是

$$\chi(\varphi) = e^{c\varphi}. \tag{4.151}$$

由于 $D_{2\pi}=D_{\varphi=0}$,必须有 $e^{2\pi c}=1$. 因此,ic 必须是一个整数. D_φ 的一维表示是

$$\chi(\varphi) = e^{-im\varphi} \quad (m = 0,\pm 1,\pm 2,\cdots). \tag{4.152}$$

可以证明,D_φ 所有的单值连续表示都可以还原为以上表示之和.

(3) 对称群 S_3. 对称群 S_3 一共有 $3!=6$ 个元素,它们是

$$\left.\begin{aligned}
&1=\begin{pmatrix}1, & 2, & 3\\ 1, & 2, & 3\end{pmatrix}, a=\begin{pmatrix}1, & 2, & 3\\ 2, & 1, & 3\end{pmatrix}, b=\begin{pmatrix}1, & 2, & 3\\ 1, & 3, & 2\end{pmatrix},\\
&c=\begin{pmatrix}1, & 2, & 3\\ 3, & 2, & 1\end{pmatrix}, d=\begin{pmatrix}1, & 2, & 3\\ 3, & 1, & 2\end{pmatrix}, f=\begin{pmatrix}1, & 2, & 3\\ 2, & 3, & 1\end{pmatrix}.
\end{aligned}\right\} \tag{4.153}$$

其中显而易见的表示是单位表示,这是一个一维表示,所有的元素都由数 1

来表示.另一个显而易见的一维表示是,所有的偶置换 $1,d,f$ 用数 1 来表示,所有的奇置换 a,b,c 用数 -1 来表示.这两个一维表示是不等价的不可约的表示.根据勃恩赛特定理,可以知道,其余的不等价的表示可能是一个二维的,也可能是四个一维的.

为了寻求这些未知的不可约表示,我们考虑一个三维空间,其一组正交归一化基矢是 $\boldsymbol{e}_1,\boldsymbol{e}_2,\boldsymbol{e}_3$.和每一个群元素相应,我们考虑基矢相应的排列.例如和元素 d 相应,我们考虑排列

$$\begin{matrix} \boldsymbol{e}_1 & \boldsymbol{e}_2 & \boldsymbol{e}_3 \\ \downarrow & \downarrow & \downarrow \\ \boldsymbol{e}_3 & \boldsymbol{e}_1 & \boldsymbol{e}_2 \end{matrix} \tag{4.154}$$

设 $\boldsymbol{x}=x_1\boldsymbol{e}_1+x_2\boldsymbol{e}_2+x_3\boldsymbol{e}_3$ 是任意一个矢量,那么

$$\boldsymbol{y} = d\boldsymbol{x} = x_1\boldsymbol{e}_3 + x_2\boldsymbol{e}_1 + x_3\boldsymbol{e}_2, \tag{4.155}$$

可以看出(4.155)式是线性变换.和 $1,a,b,c,d,f$ 相应的线性变换形成对称群 S_3 的一个表示;显然这个表示是可约的,因为矢量

$$\boldsymbol{s} = \boldsymbol{e}_1 + \boldsymbol{e}_2 + \boldsymbol{e}_3 \tag{4.156}$$

是一个不变矢量,与之相应存在着一个一维的不变子空间 γ_1,它是由所有矢量 $\alpha\boldsymbol{s}$(α 是任意常数)组成.我们令 γ_2 代表和 γ_1 正交的二维子空间,令

$$\boldsymbol{t}= \boldsymbol{e}_1 - \boldsymbol{e}_2, \quad \boldsymbol{u}= \boldsymbol{e}_2 - \boldsymbol{e}_3 \tag{4.157}$$

作为 γ_2 中的基矢,那么得到的表示是

$$\left.\begin{aligned} &1\sim\begin{pmatrix}1 & 0\\ 0 & 1\end{pmatrix}, \quad a\sim\begin{pmatrix}-1 & 1\\ 0 & 1\end{pmatrix}, \quad b\sim\begin{pmatrix}1 & 0\\ 1 & -1\end{pmatrix}, \\ &c\sim\begin{pmatrix}0 & -1\\ -1 & 0\end{pmatrix}, \quad d\sim\begin{pmatrix}-1 & 1\\ -1 & 0\end{pmatrix}, \quad f\sim\begin{pmatrix}0 & -1\\ 1 & -1\end{pmatrix}, \end{aligned}\right\} \tag{4.158}$$

其相应的特征标是

$$\chi_1 = 2, \quad \chi_a = \chi_b = \chi_c = 0, \quad \chi_d = \chi_f = -1. \tag{4.159}$$

根据(4.133)式,

$$\frac{1}{N}\sum_{\nu=1}^{N} x_\nu^* x_\nu = \frac{1}{6}(4+2) = 1, \tag{4.160}$$

可知表示(4.158)式是不可约的.这样我们就找到了对称群 S_3 的全部不可约表示.不难证明,一共有三类共轭元素:第一类是单位元素 1,第二类是元素 a,b,c,第三类是元素 d,f.也不难证明,所有的正交性定理和完备性定理都得到满足,经过适当变换,可以将表示(4.158)式变换为幺正表示.

第五章　旋转群的表示

§5.1　旋　转　群

令 R_3 代表三维的实矢量空间，$\boldsymbol{e}_i$ $(i=1,2,3)$ 是一组正交的归一化的基矢，在转动中 $\boldsymbol{e}_i$ 变为

$$\boldsymbol{e}'_i = \sum_{j=1}^{3} \boldsymbol{e}_j a_{ji}, \tag{5.1}$$

a_{ji} 等于 $\boldsymbol{e}'_i$ 和 $\boldsymbol{e}_j$ 之间夹角的余弦，可以将 $\boldsymbol{e}'_i$ 当做 $\boldsymbol{e}_i$ 的映像. 由于在转动后，矢量的长短和矢量间的夹角不改变，故有

$$\sum_{j=1}^{3} a_{ji} a_{jk} = \delta_{ik}, \tag{5.2}$$

以 $\boldsymbol{A}$ 代表矩阵元为 a_{ij} 的矩阵，则(5.2)式可以写做

$$\widetilde{\boldsymbol{A}}\boldsymbol{A} = \boldsymbol{I}. \tag{5.3}$$

a_{ij} 都是实数，而(5.3)式说明 $\boldsymbol{A}$ 是幺正矩阵；我们称矩阵元都是实数的幺正矩阵为实正交矩阵或简称正交矩阵，其相应的变换为正交变换. 从(5.3)式可知

$$(\det \boldsymbol{A})^2 = 1, \qquad \det \boldsymbol{A} = 1 \text{ 或 } -1. \tag{5.4}$$

由于在转动中 $\boldsymbol{A}$ 只能连续地改变，因此 $\det \boldsymbol{A}$ 也只能连续地改变，不能突然地从 1 变为 -1 或从 -1 变为 1. 考虑到在不旋转时，$\boldsymbol{A}$ 就是单位矩阵，故有

$$\det \boldsymbol{A} = 1. \tag{5.5}$$

不难看出，每一个旋转相应于一个三维正交线性变换，其相应的行列式为 1. 反之，每一个满足条件(5.5)的三维正交线性变换也相应于一个旋转. 连续进行两个旋转 a 和 b 的结果相应于进行一个旋转 c，亦即

$$c = ba. \tag{5.6}$$

如果和旋转 a,b,c 相应的是三维正交变换 $\boldsymbol{A},\boldsymbol{B},\boldsymbol{C}$，那么显然有

$$\boldsymbol{C} = \boldsymbol{B}\boldsymbol{A}. \tag{5.7}$$

因此可以将满足条件(5.5)式的三维正交变换看做是旋转群的三维幺正表示.

有无限种可能的旋转，因此旋转群是无限群. 群的元素可以用在(5.1)式中出现的连续变换的参数 a_{ij} 来标志，因此旋转群是连续群. 在九个参数 a_{ij} 之间，存在着由(5.2)式表示的六个条件，因此独立变化的参数只有三个；可以用不同的方法来选择这三个独立的参变数. 常用的用来确定旋转方法的一套参数是进行旋转的轴的方向和旋转的角度：旋转的角度 $0\leqslant\theta\leqslant\pi$，旋转轴的方向按照右手坐标系的规则确定. 因此每一个旋转和一个矢量 $\boldsymbol{\alpha}$ 相对应起来：$\boldsymbol{\alpha}$ 的方向和旋转轴的方向相同，$\boldsymbol{\alpha}$ 的长短等于旋转的角度. 可以用 $\boldsymbol{\alpha}$ 的分量 $\alpha_1,\alpha_2,\alpha_3$ 来标志一个旋转. 参数 $\alpha_1,\alpha_2,\alpha_3$ 变化的区域是一个球体，球体的中心在原点，球的半径等于 π. 群的单位元素是旋转角 $\theta=0$ 的旋转，因此由参数

$$\alpha_1=0,\quad \alpha_2=0,\quad \alpha_3=0 \tag{5.8}$$

标志. 在一般情形下，旋转和参数 $\alpha_i(i=1,2,3)$ 之间存在着一一对应的关系；仅有的例外是位于球面上的参数，不难看出，两套位于任何一个直径两端的参数标志着同一个旋转.

另一套常用来标志一个具体的旋转的三个参数是欧拉角 φ,θ,ψ. 为此让我们考虑一个刚体的旋转：在刚体中选取三个相互正交的轴，它们旋转前的位置是 OX，OY 和 OZ，旋转后的位置是 OX'，OY' 和 OZ'，如图 5.1(a)中所示. 我们可以将这一个旋转分解为三个旋转的乘积，令 θ,φ 代表 OZ' 在坐标系 $OXYZ$ 中的球坐标角度，如图 5.1(a)所示. 我们先令刚体绕第三个轴 OZ 旋转一个角度 φ，使第一个轴取向 OX''，第二个轴取向 OY''，第三个轴取向仍是 OZ，如图 5.1(b)所示. 然后我们令刚体绕第二个轴 OY'' 旋转一个角度 θ，令第三轴取向 OZ'，第一轴取向 OX'''，如图 5.1(c)所示. 最后令刚体绕第三轴 OZ' 旋转一角度 ψ，使第一轴从 OX''' 转到 OX'，第二轴从 OY'' 转到 OY'，使刚体进入图 5.1(a)中所示的最后位置. 因此刚体的任何一个旋转

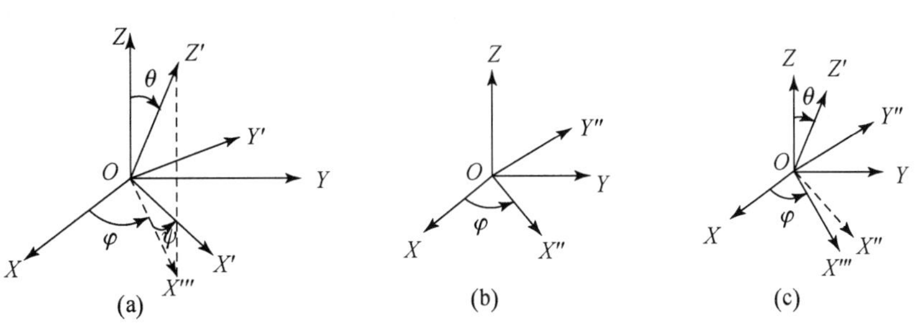

图 5-1

$$OXYZ \to OX'Y'Z' \tag{5.9}$$

可以分解为如下的连续进行的旋转：

$$OXYZ \to OX''Y''Z \to OX'''Y''Z' \to OZ'Y'Z'. \tag{5.10}$$

我们称这三个连续进行的旋转的旋转角 φ,θ,ψ 为欧拉角. 我们可以用欧拉角作为三个参数，来标志任何一个旋转. 设代表旋转(5.9)的映像过程是

$$\boldsymbol{e}_i \to \boldsymbol{e}'_i = \sum_{j=1}^{3} \boldsymbol{e}_j a_{ji}, \tag{5.11}$$

那么它可以由连续进行下面的三个映像过程来代表：

$$\boldsymbol{e}_i \to \boldsymbol{e}''_i \to \boldsymbol{e}'''_i \to \boldsymbol{e}'_i. \tag{5.12}$$

设以 $A^{\varphi},A^{\theta},A^{\psi}$ 各代表绕第三轴旋转一角度 φ，绕第二轴旋转一角度 θ，绕第三轴旋转一角度 ψ 的线性变换，$a_{ij}^{\varphi},a_{ij}^{\theta},a_{ij}^{\psi}$ 为其相应的矩阵元，那么就有

$$\left.\begin{aligned} \boldsymbol{e}''_i &= \sum_{j=1}^{3} \boldsymbol{e}_j a_{ji}^{\varphi}, \\ \boldsymbol{e}'''_i &= \sum_{j=1}^{3} \boldsymbol{e}''_j a_{ji}^{\theta}, \\ \boldsymbol{e}'_i &= \sum_{j=1}^{3} \boldsymbol{e}'''_j a_{ji}^{\psi}. \end{aligned}\right\} \tag{5.13}$$

将(5.13)式中的变换连续进行，就得

$$\boldsymbol{e}'_i = \sum_{j=1}^{3} a_{ji}^{\psi} \sum_{k=1}^{3} a_{kj}^{\theta} \sum_{l=1}^{3} a_{lk}^{\varphi} \boldsymbol{e}_l = \sum_{j,k,l} \boldsymbol{e}_l a_{lk}^{\varphi} a_{kj}^{\theta} a_{ji}^{\psi}. \tag{5.14}$$

比较(5.11)和(5.14)式就得

$$\boldsymbol{A} = \boldsymbol{A}^{\varphi}\boldsymbol{A}^{\theta}\boldsymbol{A}^{\psi}. \tag{5.15}$$

可以证明，相应于旋转角相同，但是旋转轴方向不相同的群元素相互共轭，属于同一个类. 令 a,b,c 代表旋转群的三个群元素，并有

$$c = bab^{-1}; \tag{5.16}$$

在三维空间中，设

$$a\boldsymbol{e}_i = \sum_{j=1}^{3} \boldsymbol{e}_j a_{ji}, \tag{5.17}$$

我们令

$$b\boldsymbol{e}_i = \sum_{j=1}^{3} \boldsymbol{e}_j b_{ji} = \boldsymbol{e}'_i, \tag{5.18}$$

那么就有

$$c\boldsymbol{e}'_i = ba\boldsymbol{e}_i = b\sum_{j=1}^{3}\boldsymbol{e}_j a_{ji} = \sum_{j=1}^{3}\boldsymbol{e}'_j a_{ji}. \tag{5.19}$$

因此旋转 c 在 $\boldsymbol{e}'_i$ 为基矢的坐标系中的矩阵形式和旋转 a 在以 $\boldsymbol{e}_i$ 为基矢的坐标系中的矩阵形式完全一样. 因此旋转 c 和旋转 a 的旋转角度完全一样，只是旋转轴的方向不同. 这就证明了属于同一类的旋转群元素的旋转角相同. 反过来可以证明，旋转角相同的群元素属于同一类.

§5.2 特殊酉群 $SU(2)$

在正交的归一化的坐标系中，幺正变换由幺正矩阵 $\boldsymbol{U}$ 来表示. 所有再满足条件

$$\det\boldsymbol{U} = 1 \tag{5.20}$$

的幺正变换形成的群称为特殊酉群. 二维 2×2 矩阵的特殊酉群以符号 $SU(2)$ 代表之. 它们具有如下的形式

$$\boldsymbol{U} = \begin{pmatrix} \alpha & \beta \\ \gamma & \delta \end{pmatrix}, \qquad \alpha\delta - \beta\gamma = 1, \tag{5.21}$$

那么不难验证

$$\boldsymbol{U}^{-1} = \boldsymbol{U}^{\dagger} = \begin{pmatrix} \delta & -\beta \\ -\gamma & \alpha \end{pmatrix} = \begin{pmatrix} \alpha^* & \gamma^* \\ \beta^* & \delta^* \end{pmatrix}. \tag{5.22}$$

比较(5.21)和(5.22)式可得

$$\delta = \alpha^*, \qquad \gamma = -\beta^*. \tag{5.23}$$

因此有

$$\boldsymbol{U} = \begin{pmatrix} \alpha & \beta \\ -\beta^* & \alpha^* \end{pmatrix}, \qquad |\alpha|^2 + |\beta|^2 = 1. \tag{5.24}$$

可以将(5.24)式当做特殊酉群 $SU(2)$ 的一个表示. 其相应的共轭表示是

$$\boldsymbol{U}^* = \begin{pmatrix} \alpha^* & \beta^* \\ -\beta & \alpha \end{pmatrix}. \tag{5.25}$$

令 $\boldsymbol{u}_1, \boldsymbol{u}_2$ 代表表示(5.24)式的基矢，那么在幺正变换中它们的映像是：

$$\left.\begin{aligned} \boldsymbol{u}'_1 &= \alpha\boldsymbol{u}_1 - \beta^*\boldsymbol{u}_2, \\ \boldsymbol{u}'_2 &= \beta\boldsymbol{u}_1 + \alpha^*\boldsymbol{u}_2. \end{aligned}\right\} \tag{5.26}$$

如果我们取

$$\boldsymbol{u}^1 = \boldsymbol{u}_2, \quad \boldsymbol{u}^2 = -\boldsymbol{u}_1 \tag{5.27}$$

为一组正交归一化的基矢,那么在幺正变换中,它们的映像是

$$\left.\begin{aligned} \boldsymbol{u}^{1'} &= \boldsymbol{u}_2' = \beta\boldsymbol{u}_1 + \alpha^*\boldsymbol{u}_2 = \alpha^*\boldsymbol{u}^1 - \beta\boldsymbol{u}^2, \\ \boldsymbol{u}^{2'} &= -\boldsymbol{u}_1' = -\alpha\boldsymbol{u}_1 + \beta^*\boldsymbol{u}_2 = \beta^*\boldsymbol{u}^1 + \alpha\boldsymbol{u}^2. \end{aligned}\right\} \tag{5.28}$$

由此可见,在以 $\boldsymbol{u}^1,\boldsymbol{u}^2$ 为基矢的正交归一化的坐标系中,幺正变换的表示就是共轭表示(5.25).我们称 $\boldsymbol{u}_1,\boldsymbol{u}_2$ 为标准的基矢,称 $\boldsymbol{u}^1$ 和 $\boldsymbol{u}^2$ 为逆变的基矢.

任何一个矢量 $\boldsymbol{c}$ 可以表达为

$$\boldsymbol{c} = c_1\boldsymbol{u}_1 + c_2\boldsymbol{u}_2 = c^1\boldsymbol{u}^1 + c^2\boldsymbol{u}^2, \quad c^1 = c_2, \quad c^2 = -c_1, \tag{5.29}$$

我们称 c_1,c_2 为矢量 $\boldsymbol{c}$ 的协变分量,c^1,c^2 为矢量 $\boldsymbol{c}$ 的逆变分量.在幺正变换中,任何两个矢量 $\boldsymbol{c}$ 和 $\boldsymbol{d}$ 的数积不变,因此

$$\langle \boldsymbol{d} \mid \boldsymbol{c} \rangle = d_1^* c_1 + d_2^* c_2 \tag{5.30}$$

是一个不变量.此外,由于 d^1,d^2 和 c_1,c_2 相互逆变,显然

$$d^1 c_1 + d^2 c_2 = d_2 c_1 - d_1 c_2 \tag{5.31}$$

也是一个不变量.因此 (d_1,d_2) 和 $(-d_2^*,d_1^*)$ 一样变换,亦即 (d_1^*,d_2^*) 和 $(d_2,-d_1)$ 一样变换.从(5.24)和(5.25)式的形式看来,这是显然的.

考虑下列的 v 次积

$$\boldsymbol{u}_1^v, \boldsymbol{u}_1^{v-1}\boldsymbol{u}_2, \boldsymbol{u}_1^{v-2}\boldsymbol{u}_2^2, \cdots, \boldsymbol{u}_1\boldsymbol{u}_2^{v-1}, \boldsymbol{u}_2^v, \tag{5.32}$$

它们可以作为一个 $v+1$ 维空间 R_{v+1} 的基矢.在这个空间中,任何矢量 $\boldsymbol{c}$ 可以表达为如下的叠加:

$$\boldsymbol{c} = c_0\boldsymbol{u}_1^v + c_1\boldsymbol{u}_1^{v-1}\boldsymbol{u}_2 + c_2\boldsymbol{u}_1^{v-2}\boldsymbol{u}_2^2 + \cdots + c_v\boldsymbol{u}^v. \tag{5.33}$$

假使 $\boldsymbol{u}_1,\boldsymbol{u}_2$ 为(5.26)式中所给的幺正变换,那么矢量 $\boldsymbol{c}$ 也将经历一个线性变换.矢量 $\boldsymbol{c}$ 在空间 R_{v+1} 中的映像 $\boldsymbol{c}'$ 和 $\boldsymbol{c}$ 之间存在着线性的关系,可以将这个空间 R_{v+1} 中的线性变换当做特殊酉群 $SU(2)$ 的一个表示.

在 $v=1$ 时,这个表示就还原为原来的二维幺正线性变换,这是最简单的情况.其次的简单情况是 $v=2$,这时

$$\boldsymbol{u}_1^2, \boldsymbol{u}_1\boldsymbol{u}_2, \boldsymbol{u}_2^2 \tag{5.34}$$

可以作为一个三维空间的基矢.在这个三维空间中,任何矢量 $\boldsymbol{c}$ 可以表示为:

$$\boldsymbol{c} = c_0\boldsymbol{u}_1^2 + c_1\boldsymbol{u}_1\boldsymbol{u}_2 + c_2\boldsymbol{u}_2^2. \tag{5.35}$$

可以证明,在幺正变换(5.24)中,表式

$$c_1^2 - 4c_0c_2 \tag{5.36}$$

是一个不变量.证明如下：在幺正变换中,$\boldsymbol{c}$ 的映像是

$$\boldsymbol{c}' = c_0 \boldsymbol{u}'^2_1 + c_1 \boldsymbol{u}'_1 \boldsymbol{u}'_2 + c_2 \boldsymbol{u}'^2_2 = c'_0 \boldsymbol{u}^2_1 + c'_1 \boldsymbol{u}_1 \boldsymbol{u}_2 + c'_2 \boldsymbol{u}^2_2, \tag{5.37}$$

可以将(5.37)式中的等式写做如下的矩阵形式

$$(\boldsymbol{u}'_1, \boldsymbol{u}'_2)\begin{pmatrix} c_0 & \dfrac{c_1}{2} \\ \dfrac{c_1}{2} & c_2 \end{pmatrix}\begin{pmatrix} \boldsymbol{u}'_1 \\ \boldsymbol{u}'_2 \end{pmatrix} = (\boldsymbol{u}_1, \boldsymbol{u}_2)\begin{pmatrix} c'_0 & \dfrac{c'_1}{2} \\ \dfrac{c'_1}{2} & c'_2 \end{pmatrix}\begin{pmatrix} \boldsymbol{u}_1 \\ \boldsymbol{u}_2 \end{pmatrix}. \tag{5.38}$$

由于

$$(\boldsymbol{u}'_1, \boldsymbol{u}'_2) = (\boldsymbol{u}_1, \boldsymbol{u}_2)\boldsymbol{U}, \qquad \begin{pmatrix} \boldsymbol{u}'_1 \\ \boldsymbol{u}'_2 \end{pmatrix} = \widetilde{\boldsymbol{U}}\begin{pmatrix} \boldsymbol{u}_1 \\ \boldsymbol{u}_2 \end{pmatrix}, \tag{5.39}$$

因此有：

$$\boldsymbol{U} = \begin{pmatrix} c_0 & \dfrac{c_1}{2} \\ \dfrac{c_1}{2} & c_2 \end{pmatrix}, \quad \widetilde{\boldsymbol{U}} = \begin{pmatrix} c'_0 & \dfrac{c'_1}{2} \\ \dfrac{c'_1}{2} & c'_2 \end{pmatrix}. \tag{5.40}$$

考虑到(5.20)式,我们有

$$\begin{vmatrix} c_0 & \dfrac{c_1}{2} \\ \dfrac{c_1}{2} & c_2 \end{vmatrix} = \begin{vmatrix} c'_0 & \dfrac{c'_1}{2} \\ \dfrac{c'_1}{2} & c'_2 \end{vmatrix}. \tag{5.41}$$

这就证明了表式(5.36)是一个不变量.

可以证明,在三维空间(5.35)中特殊酉群 $SU(2)$ 的表示和三维空间中的正交变换等价.引进新的坐标,使 $\boldsymbol{c}$ 在新坐标系统里的分量 x_1, x_2, x_3 和在老坐标系统里的分量 c_0, c_1, c_2 之间存在着如下的线性关系：

$$\left.\begin{aligned} x_1 &= -c_0 + c_2, & x_1 + \mathrm{i}x_2 &= 2c_2, \\ x_2 &= -\mathrm{i}(c_0 + c_2), & x_1 - \mathrm{i}x_2 &= -2c_0, \\ x_3 &= c_1, & x_3 &= c_1, \end{aligned}\right\} \tag{5.42}$$

那么就有

$$x_1^2 + x_2^2 + x_3^2 = c_1^2 - 4c_0 c_2, \tag{5.43}$$

它是三维空间中的不变量.而且假使 x_1, x_2, x_3 原来是实数.那么在变换之后,x'_1, x'_2, x'_3 仍旧是实数.因为 c_0, c_1, c_2 和表式

$$(a_1 \boldsymbol{u}_1 + a_2 \boldsymbol{u}_2)(b_1 \boldsymbol{u}_1 + b_2 \boldsymbol{u}_2) \tag{5.44}$$

中的相应系数

$$a_1b_1\,,\ a_1b_2+a_2b_1\,,\ a_2b_2 \tag{5.45}$$

一样地变换.考虑到(b_1,b_2)和$(-b_2^*,b_1^*)$一样地变换,因此也和$(-a_2^*,a_1^*)$一样地变换.可见c_0,c_1,c_2的变换方式和表式

$$-a_1a_2^*\,,\quad a_1a_1^*-a_2a_2^*\,,\quad a_2a_1^* \tag{5.46}$$

的变换方式一样.根据(5.42)和(5.46)式.可以知道x_1,x_2,x_3的变换方式和表式

$$a_1a_2^*+a_2a_1^*\,,\quad \mathrm{i}(a_1a_2^*-a_2a_1^*)\,,\quad a_1a_1^*-a_2a_2^* \tag{5.47}$$

的变换方式一样.在(5.47)式中的三个数是实数,而在任何幺正变换之后仍旧是实数.因此与之相应的变换矩阵的矩阵元必须都是实数.因此在进行了坐标变换(5.42)之后,在三维空间中作为特殊酉群$SU(2)$的表示的线性变换就成为实正交变换.

由于三维空间中的实正交变换既同构于旋转群,又是特殊酉群$SU(2)$的表示,所以旋转群是特殊酉群$SU(2)$的同态映像.这样寻找旋转群的表示就和寻找特殊酉群$SU(2)$的表示联系起来.我们首先建立二维幺正变换和旋转之间的关系.首先考虑特殊的二维幺正变换

$$\boldsymbol{B}(\beta)=\begin{pmatrix}\cos\beta & -\sin\beta\\ \sin\beta & \cos\beta\end{pmatrix}, \tag{5.48}$$

与之相应,根据(5.40)式,

$$\begin{pmatrix}c_0' & \dfrac{c_1'}{2}\\ \dfrac{c_1'}{2} & c_2'\end{pmatrix}=\begin{pmatrix}\cos\beta & -\sin\beta\\ \sin\beta & \cos\beta\end{pmatrix}\begin{pmatrix}c_0 & \dfrac{c_1}{2}\\ \dfrac{c_1}{2} & c_2\end{pmatrix}\begin{pmatrix}\cos\beta & \sin\beta\\ -\sin\beta & \cos\beta\end{pmatrix}, \tag{5.49}$$

因此有

$$\left.\begin{aligned}c_0'&=c_0\cos^2\beta-c_1\sin\beta\cos\beta+c_2\sin^2\beta,\\ c_1'&=c_1\cos^2\beta+(c_0-c_2)\sin2\beta,\\ c_2'&=c_0\sin^2\beta+c_1\sin\beta\cos\beta+c_2\cos^2\beta.\end{aligned}\right\} \tag{5.50}$$

根据(5.42)式得

$$\left.\begin{aligned}x_1'&=x_1\cos2\beta+x_3\sin2\beta,\\ x_2'&=x_2\,,\\ x_3'&=-x_1\sin2\beta+x_3\cos2\beta.\end{aligned}\right\} \tag{5.51}$$

因此$\boldsymbol{B}(\beta)$和绕第二个轴转一角度2β相对应.次之,考虑另一个特殊的幺正变换

$$\boldsymbol{C}(\gamma)=\begin{pmatrix}e^{-i\gamma} & 0\\ 0 & e^{i\gamma}\end{pmatrix},\tag{5.52}$$

与之相应，根据(5.40)式，

$$\begin{pmatrix}c_0' & \frac{c_1'}{2}\\ \frac{c_1'}{2} & c_2'\end{pmatrix}=\begin{pmatrix}e^{-i\gamma} & 0\\ 0 & e^{i\gamma}\end{pmatrix}\begin{pmatrix}c_0 & \frac{c_1}{2}\\ \frac{c_1}{2} & c_2\end{pmatrix}\begin{pmatrix}e^{-i\gamma} & 0\\ 0 & e^{i\gamma}\end{pmatrix}.\tag{5.53}$$

因此有

$$c_0'=c_0e^{-2i\gamma},\quad c_1'=c_1,\quad c_2'=c_2e^{2i\gamma}.\tag{5.54}$$

根据(5.42)式得

$$\left.\begin{aligned}x_1'&=x_1\cos2\gamma-x_2\sin2\gamma,\\ x_2'&=x_1\sin2\gamma+x_2\cos2\gamma,\\ x_3'&=x_3.\end{aligned}\right\}\tag{5.55}$$

因此 $\boldsymbol{C}(\gamma)$ 和绕第三个轴转一个角度 2γ 相应；根据公式(5.15)，以欧拉角 φ，θ，ψ 标志的旋转和下列幺正矩阵相应：

$$\boldsymbol{C}\left(\frac{\varphi}{2}\right)\boldsymbol{B}\left(\frac{\theta}{2}\right)\boldsymbol{C}\left(\frac{\psi}{2}\right)=\begin{pmatrix}e^{-\frac{i}{2}(\varphi+\psi)}\cos\frac{\theta}{2} & -e^{-\frac{i}{2}(\varphi-\psi)}\sin\frac{\theta}{2}\\ e^{\frac{i}{2}(\varphi-\psi)}\sin\frac{\theta}{2} & e^{\frac{i}{2}(\varphi+\psi)}\cos\frac{\theta}{2}\end{pmatrix}.\tag{5.56}$$

根据同态定理，旋转群和特殊酉群 $SU(2)$ 的一个商群 $SU(2)/h$ 同构. 为了求得不变子群 h，我们寻求和旋转群单位元素相应的幺正变换. 在这些幺正变换中，c_0，c_1，c_2 不变，因此 x_1，x_2，x_3 也不变，这就要求幺正变换 $\boldsymbol{U}$ 满足条件

$$\begin{pmatrix}c_0 & \frac{c_1}{2}\\ \frac{c_1}{2} & c_2\end{pmatrix}=\boldsymbol{U}\begin{pmatrix}c_0 & \frac{c_1}{2}\\ \frac{c_1}{2} & c_2\end{pmatrix}\tilde{\boldsymbol{U}}.\tag{5.57}$$

以(5.24)式代入，得

$$\left.\begin{aligned}c_0&=c_0\alpha^2+c_1\alpha\beta+c_2\beta^2,\\ \frac{1}{2}c_1&=-c_0\alpha\beta^*+\frac{c_1}{2}(\alpha\alpha^*+\beta\beta^*)+c_2\alpha^*\beta,\\ c_2&=c_0\beta^{*2}-c_1\alpha^*\beta^*+c_2\alpha^{*2}.\end{aligned}\right\}\tag{5.58}$$

上式仅有的解是 $\alpha=\pm1$. 因此和旋转群单位元素是相应的，满足条件(5.20)

和(5.57)的二维幺正矩阵只有二个,它们是

$$I=\begin{pmatrix}1 & 0\\ 0 & 1\end{pmatrix},\quad -I=\begin{pmatrix}-1 & 0\\ 0 & -1\end{pmatrix}. \tag{5.59}$$

因此和一个旋转 a 相应的是由两个二维幺正矩阵 $\boldsymbol{A}$ 和 $-\boldsymbol{A}$ 形成的一个陪集.

我们可以将满足条件(5.20)的二维幺正变换当做旋转群的一个表示.但是这个表示不是单值的,和每一个群元素相应有二个线性变换,我们称这样的表示为双值表示.旋转群单位元素邻域中的群元素及其乘积可以和二维单位矩阵邻域中的满足条件(5.20)的二维幺正矩阵及其乘积一一对应.每一个旋转角度很小的旋转 a 只和一个单位矩阵邻域中的矩阵 $\boldsymbol{A}$ 相对应.旋转 a 连续变化,那么矩阵 $\boldsymbol{A}$ 也连续变化.不难看出,假使旋转角连续地增加,兜了一个大圈子,又变为最初的旋转 a,那么很可能在矩阵作相应的连续变化以后,最后得到的矩阵不是最初的矩阵 $\boldsymbol{A}$ 而是 $-\boldsymbol{A}$.以矩阵(5.56)中所给的表式为例.假使在最初,我们有 $\varphi=\psi=\theta=0$,那么得到的和单位元素相应的矩阵是单位矩阵.假使令 θ 逐渐从 0 增加到 2π,我们兜了一个大圈子,又回到群的单位元素.但是我们在连续变化后得到的矩阵不再是单位矩阵,而是负的单位矩阵.

§5.3 旋转群的表示

在上节中已经提起,所有的矢量(5.33)组成一个 $v+1$ 维空间 R_{v+1},在这个 $v+1$ 维的空间中有特殊酉群 $SU(2)$ 的一个表示.由于旋转群同态于特殊酉群 $SU(2)$,因此这个表示也可以当做旋转群的表示.当然,表示可能不一定是单值的而是双值的.我们令 $v+1=2J+1$,并称相应的旋转群的表示为 D_J,J 可以取下列的数值:

$$J=0,\frac{1}{2},1,\frac{3}{2},2,\frac{5}{2},\cdots, \tag{5.60}$$

D_0 是单位表示,$D_{\frac{1}{2}}$ 是由(5.56)给出的双值二维幺正表示,D_1 是和(5.1)和(5.2)式给出的三维正交表示等价的单值表示.以后将证明,所有由正整数 J 标志的旋转群的表示是单值的,所有由半整数 J 标志的旋转群的表示是双值的;l 阶的归一化的球谐函数按照表示 D_l 变换.

可以将 R_{v+1} 当做一个酉空间.我们定义空间 R_{v+1} 中任何两个矢量 $\boldsymbol{c}$ 和 $\boldsymbol{d}$ 的数积为

$$\langle \boldsymbol{d} | \boldsymbol{c} \rangle \equiv \sum_{t,s=0}^{v} d_t^* g_{ts} c_s, \quad g_{ts} = \delta_{ts} \frac{t!(v-t)!}{v!}, \quad \delta_{ts} = \begin{cases} 1, t=s, \\ 0, t \neq s. \end{cases} \tag{5.61}$$

显然有

$$\langle \boldsymbol{c} \mid \boldsymbol{c} \rangle > 0. \tag{5.62}$$

只要 $\boldsymbol{c}$ 不是零矢量，可以证明，在由(5.26)式所导致的线性变换下，(5.61)式中的数积不变. 因为在线性变换下，c_t 的变换方式和表式

$$(a_1 \boldsymbol{u}_1 + a_2 \boldsymbol{u}_2)^v \tag{5.63}$$

中 $\boldsymbol{u}_1^{v-t} \boldsymbol{u}_2^t$ 项的系数

$$\binom{v}{t} a_1^{v-t} a_2^t \tag{5.64}$$

的变换方式一样，其中 $\binom{v}{t} \equiv \frac{v!}{t!(v-t)!}$；$d_t$ 的变换方式和表式

$$(b_1 \boldsymbol{u}_1 + b_2 \boldsymbol{u}_2)^v \tag{5.65}$$

中 $\boldsymbol{u}_1^{v-t} \boldsymbol{u}_2^t$ 的系数

$$\binom{v}{t} b_1^{v-t} b_2^t \tag{5.66}$$

的变换方式一样；当然，d_t^* 的变换方式和表式

$$\binom{v}{t} b_1^{*\,v-t} b_2^{*\,t} \tag{5.67}$$

的变换方式一样. 此外，根据表式(5.30)，

$$b_1^* a_1 + b_2^* a_2 \tag{5.68}$$

在幺正变换(5.24)和(5.25)下是不变的，因此表式

$$(b_1^* a_1 + b_2^* a_2)^v = \sum_{t=0}^{v} \binom{v}{t} b_1^{*\,v-t} b_2^{*\,t} a_1^{v-t} a_2^t \tag{5.69}$$

也是不变的. 这样就证明了表式(5.61)在由(5.26)式所导致的线性变换下也是不变的，因为表式(5.69)的不变性对 a_1, a_2, b_1, b_2 取任何数值时都成立. 这就说明了表示 D_J 中的线性变换是幺正变换. 如果我们选择一套正交的归一化的矢量作基矢，那么在这样的坐标系中，D_J 中的线性变换就由幺正矩阵来表示，D_J 就是旋转群的幺正表示. 显然

$$\left[\frac{v!}{(v-t)!t!} \right]^{\frac{1}{2}} \boldsymbol{u}_1^{v-t} \boldsymbol{u}_2^t \tag{5.70}$$

就可以作为这样一套正交的归一化的基矢.

为了以后讨论的方便，我们来研究，当旋转绕第三轴或第二轴进行时，(5.70)式中的表式将如何变化. 根据(5.52)式，当绕第三轴旋转一个角度 γ 时，$\boldsymbol{u}_1$ 前应该乘一个因子 $\mathrm{e}^{-\frac{\mathrm{i}}{2}\gamma}$，$\boldsymbol{u}_2$ 应该乘一个因子 $\mathrm{e}^{\frac{\mathrm{i}}{2}\gamma}$，与之相应，基矢(5.70)应该乘一个因子 $\mathrm{e}^{\frac{\mathrm{i}}{2}\gamma(2t-v)}$；根据(5.48)式，当绕第二轴旋转一个角度 π 时，那么 $\boldsymbol{u}_1$ 就变为 $\boldsymbol{u}_2$，$\boldsymbol{u}_2$ 就变为 $-\boldsymbol{u}_1$，与之相应，基矢(5.70)就变为

$$(-1)^t\left[\frac{v!}{(v-t)!t!}\right]^{\frac{1}{2}}\boldsymbol{u}_1^t\boldsymbol{u}_2^{v-t}. \tag{5.71}$$

§5.4　连续群的表示和无穷小表示

在§5.1中，我们指出，旋转群是一个连续群. 群的元素可以由连续变化的三个参数 $\alpha_1,\alpha_2,\alpha_3$ 来标志，和单位元素相应有 $\alpha_1=0,\alpha_2=0,\alpha_3=0$. 如果有两个旋转 $d_\alpha(\alpha_1,\alpha_2,\alpha_3)$，$d_\beta(\beta_1,\beta_2,\beta_3)$，它们的乘积是另一个旋转 $d_\gamma(\gamma_1,\gamma_2,\gamma_3)$，即

$$d_\beta d_\alpha = d_\gamma, \tag{5.72}$$

那么 γ_i 是 α_i 和 β_i 的函数：

$$\gamma_i = \varphi_i(\alpha_1,\alpha_2,\alpha_3;\beta_1,\beta_2,\beta_3)\quad (i=1,2,3). \tag{5.73}$$

如果 $d_\alpha,d_\beta,d_\gamma$ 都在单位元素的附近，$\alpha_i,\beta_i,\gamma_i$ 都很小，那么 φ_i 不仅是 α 和 β 的单值函数，甚至还是解析函数. 在单位元素附近 β 还可以当做 α 和 γ 的单值函数.

在这一节中，我们考虑一般的连续群；其群元素可以由一组 m 个连续变化的和独立的参数

$$\alpha_1,\alpha_2,\cdots,\alpha_m \tag{5.74}$$

来标志，而且 $\alpha_1=\alpha_2=\cdots=\alpha_m=0$ 相应于单位元素. 如果有三个元素 $a(\alpha_1,\alpha_2,\cdots,\alpha_m)$，$b(\beta_1,\beta_2,\cdots,\beta_m)$，$c(\gamma_1,\gamma_2,\cdots,\gamma_m)$，并有

$$ba = c, \tag{5.75}$$

那么 γ 是 α 和 β 的函数：

$$\gamma_i = \varphi_i(\alpha,\beta)\quad (i=1,2,\cdots,m). \tag{5.76}$$

为了书写方便，我们在上式中以一个符号 α 代表 $\alpha_1,\alpha_2,\cdots,\alpha_m$ 集合，以一个符号 β 代表 $\beta_1,\beta_2,\cdots,\beta_m$ 集合. 在单位元素附近，φ_i 是单值的连续可微分的函数；反之，β 也是 α 和 γ 的单值的连续可微分的函数. 挪威数学家李(S. Lie)最早研究这一类群，因此这种群称为李群. 现在，让我们试寻求这种群的连

续的可微分的表示.在这类表示中,线性变换及其相应的矩阵是参数 α 的连续的可微分的函数.

设 $\boldsymbol{x}$ 为表示空间中任何一个矢量,F_α 为在表示空间中和由参数 α 标志的群元素 a 相应的线性变换算符,$\boldsymbol{y}$ 为由 F_α 产生的 $\boldsymbol{x}$ 的映像,那么就有

$$\boldsymbol{y} = F_\alpha \boldsymbol{x}. \tag{5.77}$$

设 $\alpha=0$,那么 $\boldsymbol{y}$ 就等于 $\boldsymbol{x}$.在单位元素的附近,$\boldsymbol{y}$ 可以展开成为 α 的级数:

$$\boldsymbol{y} = \boldsymbol{x} + \sum_{i=1}^{m} \left(\frac{\partial \boldsymbol{y}}{\partial \alpha_i}\right)_{\alpha=0} \alpha_i + \cdots, \tag{5.78}$$

设 α 是无穷小,那么 α 的高次项可以略去.从(5.77)和(5.78)式可以看出,在 $\dfrac{\partial \boldsymbol{y}}{\partial \alpha_i}$ 和 $\boldsymbol{x}$ 之间存在着线性的关系,因此有

$$\left(\frac{\partial \boldsymbol{y}}{\partial \alpha_i}\right)_{\alpha=0} = I_i \boldsymbol{x}, \tag{5.79}$$

我们称 I_i 为表示的无穷小变换.设

$$\boldsymbol{z} = F_\beta \boldsymbol{y} = F_\beta F_\alpha \boldsymbol{x} = F_\gamma \boldsymbol{x}, \tag{5.80}$$

其中 F_β 和 F_γ 分别为群元素 b 和 c 相应的线性变换算符,其参数分别为 β 和 γ,在 α,β 和 γ 之间存在着关系(5.76).将(5.80)式对 β_j 微分后,令 $\beta=0$,则得

$$I_j \boldsymbol{y} = \sum_{k=1}^{m} \left(\frac{\partial \boldsymbol{z}}{\partial \gamma_k}\right)_{\gamma=\alpha} \left(\frac{\partial \gamma_k}{\partial \beta_j}\right)_{\beta=0} = \sum_{k=1}^{m} \frac{\partial \boldsymbol{y}}{\partial \alpha_k} \left(\frac{\partial \gamma_k}{\partial \beta_j}\right)_{\beta=0}, \tag{5.81}$$

考虑到

$$\sum_{j=1}^{m} \left(\frac{\partial \gamma_k}{\partial \beta_j}\right)_{\beta=0} \left(\frac{\partial \beta_j}{\partial \gamma_i}\right)_{\gamma=\alpha} = \delta_{ik}, \tag{5.82}$$

可得

$$\frac{\partial \boldsymbol{y}}{\partial \alpha_i} = \sum_{j=1}^{m} I_j T_i^j(\alpha) \boldsymbol{y}, \tag{5.83}$$

其中

$$T_i^j(\alpha) = \left(\frac{\partial \beta_j}{\partial \gamma_i}\right)_{\gamma=\alpha} \tag{5.84}$$

决定于群本身的结构,和具体的表示无关.方程(5.83)和初始条件

$$\boldsymbol{y}(\alpha=0) = \boldsymbol{x} \tag{5.85}$$

唯一地确定了作为 α 的函数的方程(5.83)的解 $\boldsymbol{y}$.由于 $\boldsymbol{x}$ 可以是空间中的任何矢量,因此解方程(5.83)就可以求得表示线性变换算符 F_α,这样就得到如下的定理:

定理 5.4.1 表示由它的无穷小变换 I_i 所完全确定.

显然,无穷小变换 I_i 不可能是任意的算符,I_i 之间存在着一定的关系,为了使方程组(5.83)是可积的,必须满足可积条件

$$\frac{\partial^2 \boldsymbol{y}}{\partial\alpha_j\partial\alpha_i} = \frac{\partial^2 \boldsymbol{y}}{\partial\alpha_i\partial\alpha_j}. \tag{5.86}$$

经过简单的计算,可得

$$\left\{\sum_k I_k\left(\frac{\partial T_i^k}{\partial\alpha_j} - \frac{\partial T_j^k}{\partial\alpha_i}\right) + \sum_{k,l} T_i^k T_j^l (I_k I_l - I_l I_k)\right\}\boldsymbol{y} = \boldsymbol{0}. \tag{5.87}$$

我们以符号 C_{ij}^k 标志表式:

$$-C_{ij}^k = \left(\frac{\partial T_i^k}{\partial\alpha_j} - \frac{\partial T_j^k}{\partial\alpha_i}\right)_{\alpha=0}, \tag{5.88}$$

那么由于在 $\alpha=0$ 时

$$(T_i^j(\alpha))_{\alpha=0} = \left(\frac{\partial\beta_j}{\partial\gamma_i}\right)_{\gamma=\alpha=0} = \delta_{ij}, \tag{5.89}$$

因此,在 $\alpha=0$ 时,方程(5.87)成为

$$\left\{-\sum_k C_{ij}^k I_k + I_i I_j - I_j I_i\right\}\boldsymbol{x} = \boldsymbol{0}. \tag{5.90}$$

由于 $\boldsymbol{x}$ 可以是任意的矢量,因此必须有

$$I_i I_j - I_j I_i = \sum_k C_{ij}^k I_k \quad (i,j = 1,2,\cdots,m), \tag{5.91}$$

C_{ij}^k 由群的结构决定,和具体的表示无关. 式(5.91)是无穷小变换所必须满足的条件,显然

$$C_{ij}^k = -C_{ji}^k. \tag{5.92}$$

作为一个例子,让我们展示寻求旋转群的无穷小算符所必须满足的对易关系(5.91)的具体表示. 对易关系(5.91)决定于群的结构,和具体的表示无关. 因此可以利用任何一个已知的表示求得. 我们利用 §5.1 中给出的三维正交表示 $D_{J=1}$ 求得相应于 $\alpha_1,\alpha_2,\alpha_3$ 的无穷小算符 I_1,I_2,I_3. $\alpha_1,\alpha_2,\alpha_3$ 的定义见 §5.1. 参数组

$$\left.\begin{array}{ll} \alpha_1 \neq 0, & \alpha_2 = \alpha_3 = 0; \\ \alpha_2 \neq 0, & \alpha_1 = \alpha_3 = 0; \\ \alpha_3 \neq 0, & \alpha_1 = \alpha_2 = 0 \end{array}\right\} \tag{5.93}$$

分别相应于绕第一轴转一角度 α_1 的旋转,绕第二轴转一角度 α_2 的旋转和绕第三轴转一角度 α_3 的旋转. 相应的线性变换算符是

$$\left.\begin{aligned}
F_{\alpha_1,0,0} &= \begin{pmatrix} 1 & 0 & 0 \\ 0 & \cos\alpha_1 & -\sin\alpha_1 \\ 0 & \sin\alpha_1 & \cos\alpha_1 \end{pmatrix}, \\
F_{0,\alpha_2,0} &= \begin{pmatrix} \cos\alpha_2 & 0 & \sin\alpha_2 \\ 0 & 1 & 0 \\ -\sin\alpha_2 & 0 & \cos\alpha_2 \end{pmatrix}, \\
F_{0,0,\alpha_3} &= \begin{pmatrix} \cos\alpha_3 & -\sin\alpha_3 & 0 \\ \sin\alpha_3 & \cos\alpha_3 & 0 \\ 0 & 0 & 1 \end{pmatrix}.
\end{aligned}\right\} \tag{5.94}$$

相应的无穷小算符是

$$\left.\begin{aligned}
I_1 &= \left(\frac{\partial F_{\alpha_1,0,0}}{\partial \alpha_1}\right)_{\alpha_1=0} = \begin{pmatrix} 0 & 0 & 0 \\ 0 & 0 & -1 \\ 0 & 1 & 0 \end{pmatrix}, \\
I_2 &= \left(\frac{\partial F_{0,\alpha_2,0}}{\partial \alpha_2}\right)_{\alpha_2=0} = \begin{pmatrix} 0 & 0 & 1 \\ 0 & 0 & 0 \\ -1 & 0 & 0 \end{pmatrix}, \\
I_3 &= \left(\frac{\partial F_{0,0,\alpha_3}}{\partial \alpha_3}\right)_{\alpha_3=0} = \begin{pmatrix} 0 & -1 & 0 \\ 1 & 0 & 0 \\ 0 & 0 & 0 \end{pmatrix}.
\end{aligned}\right\} \tag{5.95}$$

显然，它们满足如下的对易关系：

$$\left.\begin{aligned}
I_1 I_2 - I_2 I_1 &= I_3, \\
I_2 I_3 - I_3 I_2 &= I_1, \\
I_3 I_1 - I_1 I_3 &= I_2.
\end{aligned}\right\} \tag{5.96}$$

对易关系(5.96)是决定所有旋转群的连续的可微分的表示的基础.

§5.5 其它不可约表示的无穷小算符

为了讨论方便，我们引进如下的表式：

$$\left.\begin{aligned}
L_1 = \mathrm{i}I_1, \quad L_2 = \mathrm{i}I_2, \quad L_3 = \mathrm{i}I_3, \\
L_+ = L_1 + \mathrm{i}L_2, \quad L_0 = L_3, \quad L_- = L_1 - \mathrm{i}L_2,
\end{aligned}\right\} \tag{5.97}$$

它们满足如下的对易关系：

$$\left.\begin{array}{ll}[L_1, L_2] = \mathrm{i}L_3, & [L_2, L_3] = \mathrm{i}L_1, \\ [L_3, L_1] = \mathrm{i}L_2, & [L_0, L_+] = L_+, \\ [L_0, L_-] = -L_-, & [L_+, L_-] = 2L_0.\end{array}\right\} \tag{5.98}$$

设在有限维的矢量空间 R 中有一个旋转群的表示，那么显然也是由绕第三轴的旋转所形成的子群的表示. 这个子群是一个阿贝尔群，因此它的表示可以分解为一维表示之和，其相应的矩阵是对角矩阵. 根据 § 4.9 中的讨论，可以知道在对角线上的矩阵元是

$$\mathrm{e}^{-\mathrm{i}M\alpha_3}. \tag{5.99}$$

我们令相应的基矢是 $\boldsymbol{v}_M$，那么就有

$$\begin{aligned} L_0\boldsymbol{v}_M = \mathrm{i}I_3\boldsymbol{v}_M = \mathrm{i}\left(\frac{\partial^2}{\partial\alpha_2}F_{0,0,\alpha_3}\boldsymbol{v}_M\right)_{\alpha_3=0} \\ = \mathrm{i}\left(\frac{\partial}{\partial\alpha_3}\mathrm{e}^{-\mathrm{i}M\alpha_3}\right)_{\alpha_3=0}\boldsymbol{v}_M = M\boldsymbol{v}_M. \end{aligned} \tag{5.100}$$

因此，$\boldsymbol{v}_M$ 是算符 L_0 的本征矢量，其相应的本征值是 M.

可证明 $L_+\boldsymbol{v}_M$ 也是 L_0 的本征矢量，其相应的本征值是 $(M+1)$；$L_-\boldsymbol{v}_M$ 也是 L_0 的本征矢量，其相应的本征值是 $(M-1)$. 证明是利用(5.98)式：

$$\left.\begin{array}{l} L_0(L_+\boldsymbol{v}_M) = (L_+L_0 + L_+)\boldsymbol{v}_M = L_+(M+1)\boldsymbol{v}_M = (M+1)L_+\boldsymbol{v}_M, \\ L_0(L_-\boldsymbol{v}_M) = (L_-L_0 - L_-)\boldsymbol{v}_M = L_-(M-1)\boldsymbol{v}_M = (M-1)L_-\boldsymbol{v}_M. \end{array}\right\} \tag{5.101}$$

我们首先选出空间 R 中具有最大本征值的 L_0 的本征矢量 $\boldsymbol{v}_J$，其相应的本征值是 J，那么必须有

$$L_+\boldsymbol{v}_J = \mathbf{0}, \tag{5.102}$$

否则我们将得到一个本征值为 $J+1$ 的本征矢量，和 $\boldsymbol{v}_J$ 的定义相矛盾. 利用算符 L_- 我们可以得到如下一系列的 L_0 的本征矢量：

$$\left.\begin{array}{ll} \boldsymbol{v}_{J-1} = L_-\boldsymbol{v}_J, & \text{本征值 } J-1; \\ \boldsymbol{v}_{J-2} = L_-\boldsymbol{v}_{J-1}, & \text{本征值 } J-2; \\ \vdots & \end{array}\right\} \tag{5.103}$$

这一系列必须是有限的，最后将以遇到零矢量而告终，否则这一表示将不是有限维的，R 空间也将不是有限维的.

不难证明，在(5.103)式中所定义的本征矢量之间存在着如下的关系：

$$L_+\boldsymbol{v}_M = \rho_M\boldsymbol{v}_{M+1} \quad (M = J, J-1, \cdots), \tag{5.104}$$

式中的 ρ_M 为一整数. 由(5.102)式，可以读出 $\rho_J = 0$，因此(5.104)式在 $M=J$

时是正确的.现在我们来证明一般的 ρ_M：假设(5.104)式在 $M=\mu$ 时是正确的,那么它在 $M=\mu-1$ 时也是正确的.

$$\begin{aligned} L_+\boldsymbol{v}_{\mu-1} &= L_+ L_-\boldsymbol{v}_\mu = (L_- L_+ + 2L_0)\boldsymbol{v}_\mu \\ &= (L_- \rho_\mu \boldsymbol{v}_{\mu+1} + 2\mu\boldsymbol{v}_\mu) \\ &= (\rho_\mu + 2\mu)\boldsymbol{v}_\mu, \end{aligned} \tag{5.105}$$

因此有

$$\rho_{\mu-1} = \rho_\mu + 2\mu, \quad \rho_J = 0. \tag{5.106}$$

式(5.106)的解是

$$\rho_M = J(J+1) - M(M+1). \tag{5.107}$$

由于(5.103)中的系列最终将遇到某一个零矢量,而前一个矢量不是零矢量,令这最后一个非零矢量是$\boldsymbol{v}_x$,那么必须有

$$J(J+1) - x(x-1) = 0. \tag{5.108}$$

上式的解是 $x=J+1$ 和 $x=-J$,前一个解和原来的假设相矛盾.因此我们得到如下的一系列 L_0 的本征矢量：

$$\boldsymbol{v}_J, \boldsymbol{v}_{J-1}, \cdots, \boldsymbol{v}_{-J+1}, \boldsymbol{v}_{-J}, \tag{5.109}$$

由此可知 $2J+1$ 必须是一个正整数.J 只可能取下列的数值：

$$J = 0, \frac{1}{2}, 1, \frac{3}{2}, 2, \cdots, \tag{5.110}$$

和(5.60)式中的数值相同,这就证明了 ρ_M 必须是一个整数.

为了使(5.103)和(5.104)式取得更对称的形式,我们引入 L_0 的新本征矢量$\boldsymbol{v}'_M$：

$$\left.\begin{aligned} \boldsymbol{v}_M &= \lambda_M \boldsymbol{v}'_M, \\ \lambda_J &= 1, \\ \lambda_M &= \{\rho_M\rho_{M+1}\cdots\rho_{J-1}\}^{\frac{1}{2}} \quad (M=J, J-1, \cdots, -J), \end{aligned}\right\} \tag{5.111}$$

那么(5.103)和(5.104)式就变为

$$\left.\begin{aligned} L_-\boldsymbol{v}'_M &= \sqrt{J(J+1)-M(M-1)}\,\boldsymbol{v}'_{M-1}, \\ L_+\boldsymbol{v}'_M &= \sqrt{J(J+1)-M(M+1)}\,\boldsymbol{v}'_{M+1}, \\ L_0\boldsymbol{v}'_M &= M\boldsymbol{v}'_M. \end{aligned}\right\} \tag{5.112}$$

在以后为了书写方便我们将略去$\boldsymbol{v}'_M$中的一撇,而写做$\boldsymbol{v}_M$.

可以看出,$(\boldsymbol{v}_J, \boldsymbol{v}_{J-1}, \cdots, \boldsymbol{v}_J)$形成 R 中的一个不变子空间 R_{2J+1},因为R_{2J+1}在无穷小的线性变换 L_0, L_+, L_- 中变换为其自身.因此 R_{2J+1}中的任何

矢量在无穷小变换 I_1,I_2,I_3 作用下，仍旧变换为 R_{2J+1} 中的矢量. 由于代表有限转动的算符可以表达为一系列代表无穷小旋转的算符的乘积，因此 R_{2J+1} 对于整个旋转群说来是一个不变子空间. 它给出旋转群的一个 $(2J+1)$ 维的表示，表示的具体形式由(5.112)式完全确定，因为(5.112)式完全确定了无穷小变换的具体形式. 在空间 R_{2J+1} 中 $L_0=L_3$ 有 $(2J+1)$ 个本征值 $M=-J,-J+1,\cdots,J-1,J$，其相应的本征矢量是 $\boldsymbol{v}_M$. 不难证明，空间 R_{2J+1} 中的任何矢量都是算符

$$L^2=L_1^2+L_2^2+L_3^2=\frac{1}{2}(L_+L_-+L_-L_+)+L_0^2 \qquad (5.113)$$

的本征矢量，因为对于任何基矢 $\boldsymbol{v}_M$ 说来，都有

$$L^2\boldsymbol{v}_M=\left(\frac{1}{2}(\rho_{M-1}+\rho_M)+M^2\right)\boldsymbol{v}_M=J(J+1)\boldsymbol{v}_M. \qquad (5.114)$$

可以证明，子空间 R_{2J+1} 是不可约的，因此其相应的表示也是不可约的. 如果 R' 是 R_{2J+1} 中的一个不变子空间，$\boldsymbol{v}'$ 是其中的一个 L_0 的本征矢量，那么 $\boldsymbol{v}'$ 一定是(5.109)中的所列的 L_0 的本征矢量 $\boldsymbol{v}_J,\boldsymbol{v}_{J-1},\cdots,\boldsymbol{v}_{-J}$ 之一，最多相差一个数字因子，因为在 R_{2J+1} 中不存在其它的 L_0 的本征矢量. 将无穷小算符 L_+ 或 L_- 逐次地作用在 $\boldsymbol{v}'$ 上，根据(5.103)和(5.104)式我们将得到所有的 $\boldsymbol{v}_M(M=J,J-1,\cdots,-J)$，最多相差一些数字因子. 因此 $\boldsymbol{v}_M(M=J,J-1,\cdots,-J)$ 都属于子空间 R'，子空间 R' 就等同于 R_{2J+1}，R_{2J+1} 是不可约的.

不难看出，在空间 R_{2J+1} 中的表示是和在 §5.3 中所引入的以表式(5.70)为基矢的表示 D_J 是等价的. 显然，基矢(5.70)是 L_0 的本征矢量，其相应的本征值是

$$\frac{v}{2}-t \quad (v=2J,t=0,1,\cdots,2J), \qquad (5.115)$$

和(5.115)式中 $2J+1$ 个本征值相应的本征矢量各只有一个. 在这个表示的空间中，我们可以利用刚刚所叙述的方法，得到一个不变子空间 R_{2J+1}. 原来的表示是 $2J+1$ 维的，但是 R_{2J+1} 也是 $2J+1$ 维的，由此可见 R_{2J+1} 等同于由(5.70)式中的基矢所产生的空间，空间 R_{2J+1} 中的表示和表示 D_J 是等价的. 可以进一步证明，由无穷小变换(5.112)所决定的表示不仅和由基矢(5.70)决定的表示等价，它们甚至是等同的. 可以将表式(5.70)改写做

$$\left[\frac{(2J)!}{(J-M)!(J+M)!}\right]^{\frac{1}{2}}\boldsymbol{u}_1^{J+M}\boldsymbol{u}_2^{J-M}=\boldsymbol{v}_M, \qquad (5.116)$$

其中 $M=J-t$. 在表示 $D_{\frac{1}{2}}$ 中有

$$\left.\begin{aligned}
F_{\alpha_1,0,0}&=\begin{pmatrix}\cos\dfrac{\alpha_1}{2} & -\mathrm{i}\sin\dfrac{\alpha_1}{2}\\ -\mathrm{i}\sin\dfrac{\alpha_1}{2} & \cos\dfrac{\alpha_1}{2}\end{pmatrix},\\
F_{0,\alpha_2,0}&=\begin{pmatrix}\cos\dfrac{\alpha_2}{2} & -\sin\dfrac{\alpha_2}{2}\\ \sin\dfrac{\alpha_2}{2} & \cos\dfrac{\alpha_2}{2}\end{pmatrix},\\
F_{0,0,\alpha_3}&=\begin{pmatrix}\mathrm{e}^{-\frac{\mathrm{i}}{2}\alpha_3} & 0\\ 0 & \mathrm{e}^{\frac{\mathrm{i}}{2}\alpha_3}\end{pmatrix},
\end{aligned}\right\}\tag{5.117}$$

其中 $F_{0,\alpha_2,0}$ 和 $F_{0,0,\alpha_3}$ 直接从(5.48)和(5.52)式得来.不难利用(5.40)和(5.42)式来验证,(5.117)式中的 $F_{\alpha_1,0,0}$ 的确是相应于绕第一轴旋转一个角度 α_1 的算符.从(5.117)式立刻得到如下的无穷小变换:

$$I_1=\begin{pmatrix}0 & -\dfrac{\mathrm{i}}{2}\\ -\dfrac{\mathrm{i}}{2} & 0\end{pmatrix},\quad I_2=\begin{pmatrix}0 & -\dfrac{1}{2}\\ \dfrac{1}{2} & 0\end{pmatrix},\quad I_3=\begin{pmatrix}-\dfrac{\mathrm{i}}{2} & 0\\ 0 & \dfrac{\mathrm{i}}{2}\end{pmatrix}.\tag{5.118}$$

相应的 L_1,L_2,L_3 是

$$L_1=\begin{pmatrix}0 & \dfrac{1}{2}\\ \dfrac{1}{2} & 0\end{pmatrix}=\frac{\sigma_1}{2},\quad L_2=\begin{pmatrix}0 & -\dfrac{\mathrm{i}}{2}\\ \dfrac{\mathrm{i}}{2} & 0\end{pmatrix}=\frac{\sigma_2}{2},\quad L_3=\begin{pmatrix}\dfrac{1}{2} & 0\\ 0 & -\dfrac{1}{2}\end{pmatrix}=\frac{\sigma_3}{2}.\tag{5.119}$$

在表示 D_j 中,我们有

$$\left.\begin{aligned}
F_{\alpha_1,0,0}\boldsymbol{v}_M&=\left[\frac{(2J)!}{(J-M)!(J+M)!}\right]^{\frac{1}{2}}\left(\cos\frac{\alpha_1}{2}\boldsymbol{u}_1-\mathrm{i}\sin\frac{\alpha_1}{2}\boldsymbol{u}_2\right)^{J+M}\\
&\quad\times\left(-\mathrm{i}\sin\frac{\alpha_1}{2}\boldsymbol{u}_1+\cos\frac{\alpha_1}{2}\boldsymbol{u}_2\right)^{J-M},\\
F_{0,\alpha_2,0}\boldsymbol{v}_M&=\left[\frac{(2J)!}{(J-M)!(J+M)!}\right]^{\frac{1}{2}}\left(\cos\frac{\alpha_2}{2}\boldsymbol{u}_1+\sin\frac{\alpha_2}{2}\boldsymbol{u}_2\right)^{J+M}\\
&\quad\times\left(-\sin\frac{\alpha_2}{2}\boldsymbol{u}_1+\cos\frac{\alpha_2}{2}\boldsymbol{u}_2\right)^{J-M},\\
F_{0,0,\alpha_3}\boldsymbol{v}_M&=\mathrm{e}^{-\mathrm{i}M\alpha_3}\boldsymbol{v}_M.
\end{aligned}\right\}\tag{5.120}$$

将上式中的表示分别对 $\alpha_1,\alpha_2,\alpha_3$ 微分，然后令 $\alpha_1=\alpha_2=\alpha_3=0$，得

$$\left.\begin{aligned}
I_1\boldsymbol{v}_M&=\left[\frac{(2J)!}{(J-M)!(J+M)!}\right]^{\frac{1}{2}}\left\{-\frac{\mathrm{i}}{2}(J+M)\boldsymbol{u}_1^{J+M-1}\boldsymbol{u}_2^{J-M+1}\right.\\
&\quad\left.-\frac{\mathrm{i}}{2}(J-M)\boldsymbol{u}_1^{J+M-1}\boldsymbol{u}_2^{J-M-1}\right\}\\
&=-\frac{\mathrm{i}}{2}\left\{\sqrt{(J+M)(J-M+1)}\,\boldsymbol{v}_{M-1}+\sqrt{(J-M)(J+M+1)}\,\boldsymbol{v}_{M+1}\right\},\\
I_2\boldsymbol{v}_M&=\left[\frac{(2J)!}{(J-M)!(J+M)!}\right]^{\frac{1}{2}}\left\{\frac{1}{2}(J+M)\boldsymbol{u}_1^{J+M-1}\boldsymbol{u}_2^{J-M+1}\right.\\
&\quad\left.-\frac{1}{2}(J-M)\boldsymbol{u}_1^{J+M+1}\boldsymbol{u}_2^{J-M-1}\right\}\\
&=\frac{1}{2}\left\{\sqrt{(J+M)(J-M+1)}\,\boldsymbol{v}_{M-1}-\sqrt{(J-M)(J+M+1)}\,\boldsymbol{v}_{M+1}\right\},\\
I_3\boldsymbol{v}_M&=-\mathrm{i}M\boldsymbol{v}_M.
\end{aligned}\right\}\tag{5.121}$$

从(5.121)式立刻可以得到

$$\left.\begin{aligned}
L_-\boldsymbol{v}_M&=(\mathrm{i}I_1+I_2)\boldsymbol{v}_M=\sqrt{(J+M)(J-M+1)}\,\boldsymbol{v}_{M-1},\\
L_+\boldsymbol{v}_M&=(\mathrm{i}I_1-I_2)\boldsymbol{v}_M=\sqrt{(J-M)(J+M+1)}\,\boldsymbol{v}_{M+1},\\
L_0\boldsymbol{v}_M&=\mathrm{i}I_3\boldsymbol{v}_M=M\boldsymbol{v}_M.
\end{aligned}\right\}\tag{5.122}$$

(5.122)和(5.112)式一样，因此 D_J 表示的无穷小算符和 R_{2J+1} 中表示的无穷小算符(5.113)完全一样，这两个表示一定完全等同，这样就证明了表示 D_J 是不可约的.

这同时也证明了，旋转群的任何一个不可约表示一定等价于某一个表示 D_J. 设在空间 R 中有一个旋转群的不可约表示，那么可以利用本节中所叙述的一个方法寻找一个不变子空间 R_{2J+1}，其中的表示等价于 D_J. 由于 R 的不可约性，R 一定就是 R_{2J+1}，因此 R 中的表示一定等价于 D_J. 这就为我们提供了一个将旋转群的可约表示分解为不可约的表示的简便方法. 可以选择一个坐标系，使所有相应于绕第三轴旋转的线性变换取对角矩阵的形式，计算具有本征值 $M\geqslant 0$ 的 L_0 的线性无关的本征矢量的数目. 设以 η_M 代表这一个数目，那么 η_M 就是这个可约表示中所包含的维数大于或等于 $2M+1$ 的不可约表示的数目的总和. 因此这个可约表示中包含不可约表示

D_J 的个数是：

$$\eta_J - \eta_{J+1}. \tag{5.123}$$

§ 5.6 表示 D_J 的矩阵元

在 § 5.1 中已经指出，每一个旋转可以由一套欧拉角 (φ,θ,ψ) 来标志，其相应的线性变换可以表达为二个绕第三轴的旋转和一个绕第二轴的旋转的线性变换的乘积. 以符号 $D_J(\varphi,\theta,\psi)$ 代表表示 D_J 中和具有欧拉角 φ,θ,ψ 的旋转相应的线性变换矩阵，那么就有

$$D_J(\varphi,\theta,\psi) = F_{0,0,\varphi}F_{0,\theta,0}F_{0,0,\psi}. \tag{5.124}$$

令 $D^J_{MM'}(\varphi,\theta,\psi)$，$(F_{0,0,\varphi})_{MM'}$，$(F_{0,\theta,0})_{MM'}$，$(F_{0,0,\psi})_{MM'}$ 代表相应的矩阵元，那么就有

$$D^J_{MM'}(\varphi,\theta,\psi) = \sum_{M''=-J}^{J}\sum_{M'''=-J}^{J}(F_{0,0,\varphi})_{MM''}(F_{0,\theta,0})_{M''M'''}(F_{0,0,\psi})_{M'''M'}. \tag{5.125}$$

如果选定了(5.112)中的表式 $\boldsymbol{v}'_M$ 为表示的基矢，那么根据(5.120)式，就有

$$D^J_{MM'} = \mathrm{e}^{-\mathrm{i}(M\varphi+M'\psi)}(F_{0,\theta,0})_{MM'}. \tag{5.126}$$

可以利用(5.120)中的第二式来寻找 $(F_{0,\theta,0})$ 的具体形式：

$$\begin{aligned}
F_{0,\theta,0}\boldsymbol{v}_{M'} &= \sum_M \boldsymbol{v}_M(F_{0,\theta,0})_{MM'} \\
&= \left[\frac{(2J)!}{(J+M')!(J-M')!}\right]^{\frac{1}{2}} \\
&\quad\times\left\{\sum_{\lambda=0}^{J+M'}\binom{J+M'}{\lambda}\left(\cos\frac{\theta}{2}\right)^{J+M'-\lambda}\left(\sin\frac{\theta}{2}\right)^{\lambda}\boldsymbol{u}_1^{J+M'-\lambda}\boldsymbol{u}_2^{\lambda}\right\} \\
&\quad\times\left\{\sum_{\kappa=0}^{J-M'}\binom{J-M'}{\kappa}\left(-\sin\frac{\theta}{2}\right)^{J-M'-\kappa}\left(\cos\frac{\theta}{2}\right)^{\kappa}\boldsymbol{u}_1^{J-M'-\kappa}\boldsymbol{u}_2^{\kappa}\right\} \\
&= \left[\frac{(2J)!}{(J+M')!(J-M')!}\right]^{\frac{1}{2}} \\
&\quad\times\sum_{\lambda=0}^{J+M'}\sum_{\kappa=0}^{J-M'}(-1)^{J-M-\kappa}\binom{J+M'}{\lambda}\binom{J-M'}{\kappa}\left(\cos\frac{\theta}{2}\right)^{J+M'-\lambda+\kappa} \\
&\quad\times\left(\sin\frac{\theta}{2}\right)^{J-M'-\kappa+\lambda}\boldsymbol{u}_1^{2J-\lambda-\kappa}\boldsymbol{u}_2^{\lambda+\kappa}.
\end{aligned} \tag{5.127}$$

引进

$$M = J - \lambda - \kappa, \tag{5.128}$$

就有

$$\begin{aligned}F_{0,\theta,0}\boldsymbol{v}_{M'} = &\left[\frac{(2J)!}{(J+M')!(J-M')!}\right]^{\frac{1}{2}} \\ &\times \sum_{\lambda=0}^{J+M'} \sum_{M=M'-\lambda}^{J-\lambda} (-1)^{M-M'+\lambda} \binom{J+M'}{\lambda} \binom{J-M'}{J-M-\lambda} \left(\cos\frac{\theta}{2}\right)^{2J+M'-M-2\lambda} \\ &\times \left(\sin\frac{\theta}{2}\right)^{M-M'+2\lambda} \left[\frac{(J+M)!(J-M)!}{(2J)!}\right]^{\frac{1}{2}} \boldsymbol{v}_M.\end{aligned} \tag{5.129}$$

因此有

$$\begin{aligned}(F_{0,\theta,0})_{MM'} = &\sum_{\lambda=M'-M}^{J-M} (-1)^{M-M'+\lambda} \frac{\sqrt{(J+M)!(J-M)!(J+M')!(J-M')!}}{(J+M'-\lambda)!\lambda!(M-M'+\lambda)!(J-M-\lambda)!} \\ &\times \left(\cos\frac{\theta}{2}\right)^{2J+M'-M-2\lambda} \left(\sin\frac{\theta}{2}\right)^{M-M'+2\lambda}.\end{aligned} \tag{5.130}$$

在上式中可以对任何数值的 λ 求和，因为在 $\lambda < M' - M$ 时，$(M-M'+\lambda)! = \infty$，在 $\lambda > J-M$ 时，表式 $(J-M-\lambda)! = \infty$. 可以将上式进一步简化，引入

$$K = M - M' + \lambda, \tag{5.131}$$

那么就有

$$\begin{aligned}(F_{0,\theta,0})_{MM'} = &\sum_{K} (-1)^{K} \frac{\sqrt{(J+M)!(J-M)!(J+M')!(J-M')!}}{(J+M-K)!(M'-M+K)!K!(J-M'-K)!} \\ &\times \left(\cos\frac{\theta}{2}\right)^{2J+M-M'-2K} \left(\sin\frac{\theta}{2}\right)^{M'-M+2K}.\end{aligned} \tag{5.132}$$

以表示 $D_{J=1}$ 为例，就有

$$D_1(\varphi,\theta,\psi) = \begin{pmatrix} \frac{1}{2}e^{-i(\varphi+\psi)}(1+\cos\theta) & -\frac{1}{\sqrt{2}}e^{i\varphi}\sin\theta & \frac{1}{2}e^{i(\varphi-\psi)}(1-\cos\theta) \\ \frac{1}{\sqrt{2}}e^{-i\psi}\sin\theta & \cos\theta & -\frac{1}{\sqrt{2}}e^{i\psi}\sin\theta \\ \frac{1}{2}e^{i(\varphi-\psi)}(1-\cos\theta) & \frac{1}{\sqrt{2}}e^{i\varphi}\sin\theta & \frac{1}{2}e^{i(\varphi+\psi)}(1+\cos\theta) \end{pmatrix}. \tag{5.133}$$

可以证明，球谐函数 $Y_L^M(\theta,\varphi)$ 按照表示 D_L 而变换，可以用做表示 D_L 的

一套基矢. 任何 L 阶球谐函数的叠加

$$\sum_{M=-L}^{L} C_M Y_L^M(\theta,\varphi) \tag{5.134}$$

在旋转之中仍旧变换为 L 阶球谐函数的叠加,而且变换关系是线性的. 可以将所有可能的叠加当做一个$(2L+1)$维的矢量空间 R_{2L+1},它在旋转中不变,因此给了一个旋转群的表示. 为了求得这一表示的无穷小变换算符,我们考虑任何一个函数 $f_0(x_1,x_2,x_3)$,它在旋转中变为另一个函数

$$F_{\alpha_1,\alpha_2,\alpha_3} f_0(x_1,x_2,x_3) = f(x_1,x_2,x_3), \tag{5.135}$$

在函数 f_0 和 f 之间存在着如下的关系:

$$f(x_1',x_2',x_3') = f_0(x_1,x_2,x_3), \tag{5.136}$$

其中 x_1',x_2',x_3'为原来坐标是 x_1,x_2,x_3 的点在旋转后的坐标. 假使绕第一轴旋转一个角度 α_1,那么就有

$$\begin{aligned} &F_{\alpha_1,0,0} f_0(x_1,x_2,x_3) \\ &= f_0(x_1, x_2\cos\alpha_1 + x_3\sin\alpha_1, -x_2\sin\alpha_1 + x_3\cos\alpha_1), \end{aligned} \tag{5.137}$$

与之相应的无穷小变换算符是

$$\begin{aligned} I_1 f_0 &= \left(\frac{\partial}{\partial\alpha_1} F_{\alpha_1,0,0} f_0(x_1,x_2,x_3)\right)_{\alpha_1=0} \\ &= \left(x_3\frac{\partial}{\partial x_2} - x_2\frac{\partial}{\partial x_3}\right) f_0. \end{aligned} \tag{5.138}$$

用同样的方法可以求得 I_2 和 I_3,它们是

$$\left.\begin{aligned} I_2 f_0 &= \left(x_1\frac{\partial}{\partial x_3} - x_3\frac{\partial}{\partial x_1}\right) f_0, \\ I_3 f_0 &= \left(x_2\frac{\partial}{\partial x_1} - x_1\frac{\partial}{\partial x_2}\right) f_0. \end{aligned}\right\} \tag{5.139}$$

因此有

$$\left.\begin{aligned} I_1 &= x_3\frac{\partial}{\partial x_2} - x_2\frac{\partial}{\partial x_3}, \\ I_2 &= x_1\frac{\partial}{\partial x_3} - x_3\frac{\partial}{\partial x_1}, \\ I_3 &= x_2\frac{\partial}{\partial x_1} - x_1\frac{\partial}{\partial x_2}. \end{aligned}\right\} \tag{5.140}$$

为了求得 I_1,I_2,I_3 在球坐标中的形式,我们引进 x_1,x_2,x_3 和球坐标 r,θ,ϕ 之间的关系:

$$\left.\begin{aligned} x_1 &= r\sin\theta\cos\phi, \\ x_2 &= r\sin\theta\sin\phi, \\ x_3 &= r\cos\theta, \end{aligned}\right\} \tag{5.141}$$

从(5.140)和(5.141)式可以得

$$\left.\begin{aligned} I_1 &= \sin\phi\frac{\partial}{\partial\theta} + \cos\phi\cot\theta\frac{\partial}{\partial\phi}, \\ I_2 &= -\cos\phi\frac{\partial}{\partial\theta} + \sin\phi\cot\theta\frac{\partial}{\partial\phi}, \\ I_3 &= -\frac{\partial}{\partial\phi}. \end{aligned}\right\} \tag{5.142}$$

与之相应,可以得到

$$\left.\begin{aligned} L_- &= \mathrm{i}I_1 + I_2 = -\mathrm{e}^{-\mathrm{i}\phi}\frac{\partial}{\partial\theta} + \mathrm{i}\mathrm{e}^{-\mathrm{i}\phi}\cot\theta\frac{\partial}{\partial\phi}, \\ L_+ &= \mathrm{i}I_1 - I_2 = \mathrm{e}^{\mathrm{i}\phi}\frac{\partial}{\partial\theta} + \mathrm{i}\mathrm{e}^{\mathrm{i}\phi}\cot\theta\frac{\partial}{\partial\phi}, \\ L_0 &= \mathrm{i}I_3 = -\mathrm{i}\frac{\partial}{\partial\phi}. \end{aligned}\right\} \tag{5.143}$$

球谐函数的表示是

$$\left.\begin{aligned} &\mathrm{Y}_L^M(\theta,\phi) = \Phi_M(\phi)\Theta_L^M(\theta); \\ &\Phi_M(\phi) = \frac{\mathrm{e}^{\mathrm{i}M\phi}}{\sqrt{2\pi}}, \\ &\Theta_L^M(\theta) = (-1)^M\left[\frac{(2L+1)(L-M)!}{2(L+M)!}\right]^{\frac{1}{2}}\mathrm{P}_L^M(\cos\theta) \quad (M\geqslant 0), \\ &\Theta_L^{-M}(\theta) = \left[\frac{(2L+1)(L-M)!}{2(L+M)!}\right]^{\frac{1}{2}}\mathrm{P}_L^M(\cos\theta), \end{aligned}\right\} \tag{5.144}$$

其中 $\mathrm{P}_L^M(\cos\theta)$ 是连带勒让德函数.将(5.143)式中的算符作用于 $\mathrm{Y}_L^M(\theta,\phi)$ 上,就得

$$\left.\begin{aligned} L_-\mathrm{Y}_L^M(\theta,\phi) &= \Phi_{M-1}(\phi)\left\{\sin\theta\frac{\partial}{\partial\cos\theta} - M\cot\theta\right\}\Theta_L^M(\theta), \\ L_+\mathrm{Y}_L^M(\theta,\phi) &= \Phi_{M+1}(\phi)\left\{-\sin\theta\frac{\partial}{\partial\cos\theta} - M\cot\theta\right\}\Theta_L^M(\theta), \\ L_0\mathrm{Y}_L^M(\theta,\phi) &= M\mathrm{Y}_L^M(\theta,\phi) \quad (M\geqslant 0). \end{aligned}\right\} \tag{5.145}$$

考虑到

$$\left.\begin{aligned}&\left\{\sin\theta\frac{\partial}{\partial\cos\theta}-M\cot\theta\right\}\mathrm{P}_L^M(\cos\theta)\\&=-(L+M)(L-M+1)\mathrm{P}_L^{M-1}(\cos\theta)\quad(M\geqslant 0),\\&\left\{-\sin\theta\frac{\partial}{\partial\cos\theta}-M\cot\theta\right\}\mathrm{P}_L^M(\cos\theta)=-\mathrm{P}_L^{M+1}(\cos\theta),\end{aligned}\right\}\tag{5.146}$$

就得到

$$\left.\begin{aligned}L_-\,\mathrm{Y}_L^M(\theta,\phi)&=\sqrt{(L+M)(L-M+1)}\,\mathrm{Y}_L^{M-1}(\theta,\phi),\\L_+\,\mathrm{Y}_L^M(\theta,\phi)&=\sqrt{(L-M)(L+M+1)}\,\mathrm{Y}_L^{M+1}(\theta,\phi),\\L_0\,\mathrm{Y}_L^M(\theta,\phi)&=M\mathrm{Y}_L^M(\theta,\phi).\end{aligned}\right\}\tag{5.147}$$

将上式和(5.122)式比较，可见由 $\mathrm{Y}_L^M(\theta,\phi)$产生的无穷小算符和表示 $D_{J=L}$ 的无穷小算符相同，因此由 $\mathrm{Y}_L^M(\theta,\phi)$产生的表示就是表示 D_L.

令 $\boldsymbol{u}_1$ 和 $\boldsymbol{u}_2$ 作(5.39)式中所给的变换. 如果 $2J$ 是一个奇数，那么和(5.59)中的变换 $\boldsymbol{I}$ 相应，在 D_J 中的线性变换由单位矩阵表示；和(5.59)中的变换 $-\boldsymbol{I}$ 相应，在 D_J 中的线性变换由负单位矩阵表示. 这从(5.116)中基矢 $\boldsymbol{v}_m$ 的表式的形式立刻可以得到验证. 因此 D_J 是旋转群的双值表示. 但是假使 $2J$ 是一个偶数，那么和(5.59)中的变换 $\boldsymbol{I}$ 和变换 $-\boldsymbol{I}$ 相应，在 D_J 中都由单位矩阵来表示，因此 D_J 是旋转群的单值表示. 当然，由球谐函数产生的表示是单值表示.

§5.7 不可约表示 D_J 的性质

由于旋转群的不可约的$(2J+1)$维表示都等价于表示 D_J，而和 D_J 相互共轭的表示 $\widetilde{D}_J$ 也是不可约的$(2J+1)$维的表示，因此 $\widetilde{D}_J$ 等价于 D_J. 在乘积表示 $D_J\times D_J$ 中包含一个单位表示. 如果$J\neq J'$，那么在乘积表示 $D_J\times D_{J'}$ 中不包含单位表示. 我们尝试寻求表示 $\widetilde{D}_J$ 的具体形式，并寻求从表示 D_J 变换到表示 $\widetilde{D}_J$ 的坐标变换.

令表示 $D_{\frac{1}{2}}$ 的一套标准的基矢为 $\boldsymbol{u}_1,\boldsymbol{u}_2$，令 $\boldsymbol{w}^1,\boldsymbol{w}^2$ 为一套在§5.2中所定义的相应的逆变的基矢，那么表式

$$(\boldsymbol{w}^1\boldsymbol{u}_1+\boldsymbol{w}^2\boldsymbol{u}_2)^{2J}=\sum_{M=-J}^{J}\frac{(2J)!}{(J+M)!(J-M)!}\boldsymbol{u}_1^{J+M}\boldsymbol{u}_2^{J-M}\boldsymbol{w}^{1^{J+M}}\boldsymbol{w}^{2^{J-M}}\tag{5.148}$$

在特殊酉群 $SU(2)$ 的变换中不变，亦即在旋转群的变换中不变. 引进

(5.116)中所定义的表式$\boldsymbol{v}_M$和表式

$$\boldsymbol{w}^M=\left[\frac{(2J)!}{(J+M)!(J-M)!}\right]^{1/2}\boldsymbol{w}^{1^{J-M}}\boldsymbol{w}^{2^{J-M}},\tag{5.149}$$

那么由(5.148)式就有

$$\sum_{M=-J}^{J}\boldsymbol{w}^M\boldsymbol{v}_M\tag{5.150}$$

在旋转中不变，因此可以将 $\boldsymbol{w}^M$ 当做共轭表示 $\widetilde{D}_J$ 的一套相应的基矢. 从(5.26)和(5.28)式可以看出，$\boldsymbol{w}^1$，$\boldsymbol{w}^2$ 变换的矩阵是 $\boldsymbol{u}_1$，$\boldsymbol{u}_2$ 变换矩阵的复数共轭. 比较(5.116)和(5.149)式，就可以知道，$\boldsymbol{w}^M$ 变换的矩阵是$\boldsymbol{v}_M$变换的矩阵的复数共轭，因此有

$$\widetilde{D}^J_{MM'}(\varphi,\theta,\psi)=[D^J_{MM'}(\varphi,\theta,\psi)]^*,\tag{5.151}$$

其中 $D^J_{MM'}(\varphi,\theta,\psi)$代表 D_J 中的矩阵元. 这是不足为奇的，因为(5.70)式是一套正交的归一化的基矢，在正交的归一化的坐标系中线性变换应该由幺正矩阵来表示. 在(5.126)和(5.132)式中所给出的表示 D_J 应该是幺正表示. 利用(5.27)式，可知

$$\begin{aligned}\boldsymbol{v}^M&=\left[\frac{(2J)!}{(J+M)!(J-M)!}\right]^{\frac{1}{2}}\boldsymbol{u}^{1^{J+M}}\boldsymbol{u}^{2^{J-M}}\\&=\left[\frac{(2J)!}{(J+M)!(J-M)!}\right]^{\frac{1}{2}}\boldsymbol{u}_2^{J+M}(-\boldsymbol{u}_1)^{J-M}\\&=(-1)^{J-M}\boldsymbol{v}_{-M}\end{aligned}\tag{5.152}$$

的变换方式和 $\boldsymbol{w}^M$ 的变换方式一样，可以作为表示 $\widetilde{D}_J$ 的基矢. 因此如果进行如下的坐标变换

$$\boldsymbol{u}_M\rightarrow\boldsymbol{u}^M=(-1)^{J-M}\boldsymbol{u}_{-M},\tag{5.153}$$

我们就从表示 D_J 变换到相应的共轭表示 $\widetilde{D}_J$. 在空间 R_{2J+1} 中，任何矢量可以写做

$$\left.\begin{aligned}\boldsymbol{c}&=\sum_M c_M\boldsymbol{u}_M=\sum c^M\boldsymbol{u}^M,\\c^M&=(-1)^{J-M}c_{-M}.\end{aligned}\right\}\tag{5.154}$$

我们称 c_M 为矢量$\boldsymbol{c}$ 的协变分量，c^M 为矢量$\boldsymbol{c}$ 的逆变分量. 设 $\boldsymbol{c}$ 和 $\boldsymbol{d}$ 为任何两个矢量，那么表式

$$\sum_M c_M d^M\tag{5.155}$$

显然在旋转中是不变的，表式(5.31)是表式(5.155)在 $D_{\frac{1}{2}}$ 表示中的特殊情况. 将表式(5.155)应用于表示 D_1 那么就得

$$2c_0c^0+2c_2c^2+c_1c^1=2c_0c_2+2c_2c_0-c_1c_1$$
$$=(x_1+\mathrm{i}x_2)(-x_1+\mathrm{i}x_2)-x_3^2$$
$$=-(x_1^2+x_2^2+x_3^2),\tag{5.156}$$

显然(5.156)式在旋转中是不变的.可以将(5.155)式写做

$$\left.\begin{aligned}\sum_M c_M d^M &= \sum_{M,M'} c_M g_{MM'} d_{M'},\\ g_{MM'} &= (-1)^{J-M}\delta_{M',-M}.\end{aligned}\right\}\tag{5.157}$$

我们称 $\boldsymbol{g}=(g_{MM'})$ 为度量张量或度量矩阵.在表示 $D_{\frac{1}{2}}$ 中有

$$\boldsymbol{g}=\begin{pmatrix}0 & 1\\ -1 & 0\end{pmatrix},\tag{5.158}$$

在表示 D_1 中有

$$\boldsymbol{g}=\begin{pmatrix}0 & 0 & 1\\ 0 & -1 & 0\\ 1 & 0 & 0\end{pmatrix}.\tag{5.159}$$

令 χ_φ 代表相应于旋转一个角度 φ 的群元素的线性变换的特征标,那么根据(5.126)式,显然在表示 D_J 中有

$$\chi_\varphi=\sum_{M=J}^{-J}\mathrm{e}^{-\mathrm{i}M\varphi}=\mathrm{e}^{-\mathrm{i}J\varphi}\,\frac{1-\mathrm{e}^{\mathrm{i}(2J+1)\varphi}}{1-\mathrm{e}^{\mathrm{i}\varphi}}$$
$$=\frac{\mathrm{e}^{\frac{\mathrm{i}}{2}(2J+1)\varphi}-\mathrm{e}^{-\frac{\mathrm{i}}{2}(2J+1)\varphi}}{\mathrm{e}^{\frac{\mathrm{i}}{2}\varphi}-\mathrm{e}^{-\frac{\mathrm{i}}{2}\varphi}}$$
$$=\frac{\sin\left[\left(J+\dfrac{1}{2}\right)\varphi\right]}{\sin\dfrac{\varphi}{2}}.\tag{5.160}$$

§5.8 旋转群的乘积表示

设表示 D_J 的一套基矢是 $(\boldsymbol{u}_J,\boldsymbol{u}_{J-1},\cdots,\boldsymbol{u}_{-J})$,表示 $D_{J'}$ 的一套基矢是 $(\boldsymbol{v}_{J'},\boldsymbol{v}_{J'-1},\cdots,\boldsymbol{v}_{-J'})$,可以将

$$\boldsymbol{u}_M\boldsymbol{v}_{M'}\quad(M=J,J-1,\cdots,-J,M'=J',J'-1,\cdots,-J')\tag{5.161}$$

当做乘积表示 $D_J\times D_{J'}$ 的一套基矢.显然,在绕第三轴转一个角度 α_3 时,基矢(5.161)的映像是

$$\mathrm{e}^{-\mathrm{i}M_0\alpha_3}\boldsymbol{u}_M\boldsymbol{v}_{M'}\quad(M_0=M+M'),\tag{5.162}$$

因此 $\boldsymbol{u}_M\boldsymbol{v}_{M'}$ 是 L_0 的本征矢量,相应的本征值是 $M_0=M+M'$.当 $J\geqslant J'$ 时,M

值确定以后，M_0 可以取的值如下：

$$
\begin{array}{llllll}
M=J, & M_0=J+J', & J+J'-1, J+J'-2, & \cdots, J-J', & & \\
M=J-1, & M_0= & J+J'-1, J+J'-2, & \cdots, J-J', & J-J'-1, & \\
M=J-2, & M_0= & J+J'-2, & \cdots, J-J', & J-J'-1, & J-J'-2, \\
\vdots & \vdots & & & & \\
M=-J, & M_0= & -J+J', & -J+J'-1, \cdots, -J-J'. & &
\end{array}
$$

从上表可以看出，M_0 最大的数值是 $J+J'$，相应的本征矢量有一个，其次大的数值是 $J+J'-1$，相应的本征矢量有两个；随着 M_0 的数值逐一减少，相应的本征矢量的个数逐一增加，一直到 $M_0=J-J'$ 为止，那时相应的本征矢量有 $2J'+1$ 个；当 M_0 再减小时，相应的本征矢量的个数不再增加，在 $J-J'\geqslant M_0\geqslant -J+J'$ 中相应于每一个 M_0，各有 $2J'+1$ 个本征矢量；此后 M_0 再逐一减少时，相应的本征矢量的个数逐一减少，最后到 $M_0=-J-J'$ 时，相应的本征矢量又只有一个. 一般地说来，相应于 $-M_0$ 的本征矢量的个数等于相应于 M_0 的本征矢量的个数. 根据(5.123)式和有关的讨论，可知在乘积表示 $D_J\times D_{J'}$ 中，表示 $D_{J+J'}, D_{J+J'-1}, D_{J+J'-2}, \cdots, D_{|J-J'|}$ 各出现一次，因此有

$$D_J\times D_{J'}=D_{J+J'}+D_{J+J'-1}+\cdots+D_{|J-J'|}. \tag{5.163}$$

J 和 J' 的地位是对称的，因此(5.163)式在 $J'\geqslant J$ 的时候也适用.

举例来说，我们有

$$\left.\begin{aligned} D_0\times D_J&=D_J,\\ D_1\times D_1&=D_0+D_1+D_2,\\ D_1\times D_{\frac{1}{2}}&=D_{\frac{1}{2}}+D_{\frac{3}{2}}.\end{aligned}\right\} \tag{5.164}$$

可以看出，两个单值表示的乘积表示可以分解为单值表示之和，两个双值表示的乘积表示也可以分解为单值表示之和，一个单值表示和一个双值表示的乘积表示可以分解为双值表示之和.

§5.9 乘积表示分解的具体方法

现在讨论将乘积表示 $D_{J_1}\times D_{J_2}$ 分解为一系列不同的表示 D_J 之和的具体方法. 设 $\boldsymbol{u}_{M_1}^{J_1}$ 和 $\boldsymbol{v}_{M_2}^{J_2}$ 分别为不可约表示 D_{J_1} 和 D_{J_2} 的基矢，$\boldsymbol{u}_{M_1}^{J_1}\boldsymbol{v}_{M_2}^{J_2}$ 为乘积表示的基矢，问题归结为进行一个坐标变换，使乘积表示在新的坐标系中明显地分解为不可约表示之和. 令

$$w_M^J \quad \begin{pmatrix} J = J_1+J_2, J_1+J_2-1, \cdots, |J_1-J_2|; \\ M = J, J-1, \cdots, -J \end{pmatrix} \tag{5.165}$$

为新坐标系中的基矢，它们生成不变的$(2J+1)$维的子空间，给出旋转群的不可约表示 D_J. 在新旧坐标系的基矢之间存在着如下的变换关系：

$$w_M^J = \sum_{M_1, M_2} u_{M_1}^{J_1} v_{M_2}^{J_2} \langle J_1 J_2 M_1 M_2 \mid JM \rangle, \tag{5.166}$$

其中$\langle J_1 J_2 M_1 M_2 | JM \rangle$为坐标变换的矩阵的元素，矩阵的行由一对数字$(M_1, M_2)$标志，矩阵的列由一对数字$(J, M)$标志. 假使 $u_{M_1}^{J_1}$, $v_{M_2}^{J_2}$ 和 w_M^J 都是归一化的正交的坐标系的基矢，那么坐标变换的矩阵就是幺正矩阵，我们有

$$\left.\begin{aligned} &\sum_{M_1, M_2} \langle JM \mid J_1 J_2 M_1 M_2 \rangle \langle J_1 J_2 M_1 M_2 \mid J'M' \rangle = \delta_{JJ'} \delta_{MM'}, \\ &\sum_{J, M} \langle J_1 J_2 M_1 M_2 \mid JM \rangle \langle JM \mid J_1 J_2 M_1' M_2' \rangle = \delta_{M_1 M_1'} \delta_{M_2 M_2'}, \end{aligned}\right\} \tag{5.167}$$

其中

$$\langle JM \mid J_1 J_2 M_1 M_2 \rangle = \langle J_1 J_2 M_1 M_2 \mid JM \rangle^*. \tag{5.168}$$

$u_{M_1}^{J_1} v_{M_2}^{J_2}$ 反过来也可以表达为 w_M^J 的线性叠加：

$$u_{M_1}^{J_1} v_{M_2}^{J_2} = \sum_{J, M} w_M^J \langle JM \mid J_1 J_2 M_1 M_2 \rangle. \tag{5.169}$$

为了求出幺正变换矩阵的元素$\langle J_1 J_2 M_1 M_2 | JM \rangle$的具体形式，我们考虑如下的表式：

$$A = a(u_1 v^1 + u_2 v^2)^{J_1+J_2-J} (u_1 w^1 + u_2 w^2)^{J+J_1-J_2} (v_1 w^1 + v_2 w^2)^{J+J_2-J_1}, \tag{5.170}$$

其中(u_1, u_2)和(v_1, v_2)都是表示 $D_{\frac{1}{2}}$ 的基矢，(v^1, v^2)和(w^1, w^2)则都是共轭表示 $\widetilde{D}_{\frac{1}{2}}$ 的基矢，a 是一个常数. 显然，表式 A 在旋转群的变换中不变，因此是旋转群的单位表示. 考虑到关系(5.27)式，就有

$$\begin{aligned} A = a &\sum_{\lambda=0}^{J_1+J_2-J} \sum_{\mu=0}^{J+J_1-J_2} \sum_{\nu=0}^{J+J_2-J_1} (-1)^\lambda \binom{J_1+J_2-J}{\lambda} \\ &\times \binom{J+J_1-J_2}{\mu} \binom{J+J_2-J_1}{\nu} \\ &\times u_1^{2J_1-\lambda-\mu} u_2^{\lambda+\mu} v_1^{J_2+J-J_1-\lambda-\nu} v_2^{J_2-J+J_1+\lambda+\nu} w^{1^{2J-\mu-\nu}} w^{2^{\mu+\nu}}. \end{aligned} \tag{5.171}$$

如果我们形式上引入定义，在 n 等于负整数的时候

$$\frac{1}{n!} = 0 \quad (n = -1, -2, \cdots), \tag{5.172}$$

那么在(5.171)式中按 λ, μ, ν 求和可以从负无穷起一直加到 λ, μ, ν 等于正无

穷，因此可以将求和符号上下的数字略去不写. 我们引进如下的符号：

$$\left.\begin{aligned} M_1 &= J_1 + \lambda - \mu, \\ M_2 &= J - J_1 - \lambda - \nu, \\ M &= J - \mu - \nu, \end{aligned}\right\} \tag{5.173}$$

那么显然有

$$M = M_1 + M_2, \tag{5.174}$$

(5.171)式就可以写做

$$A = a \sum_{\lambda, M_1, M_2} (-1)^{\lambda} \binom{J_1 + J_2 - J}{\lambda} \binom{J + J_1 - J_2}{J_1 - M_1 + \lambda} \binom{J + J_2 - J_1}{J - J_1 - M_2 + \lambda}$$

$$\times \boldsymbol{u}_1^{J_1 + M_1} \boldsymbol{u}_2^{J_1 - M_1} \boldsymbol{v}_1^{J_2 + M_2} \boldsymbol{v}_2^{J_2 - M_2} \boldsymbol{w}^{1^{J+M}} \boldsymbol{w}^{2^{J-M}}. \tag{5.175}$$

引入符号

$$\left.\begin{aligned} \boldsymbol{u}_{M_1}^{J_1} &= \binom{2J_1}{J_1 + M_1}^{\frac{1}{2}} \boldsymbol{u}_1^{J_1 + M_1} \boldsymbol{u}_2^{J_1 - M_1}, \\ \boldsymbol{v}_{M_2}^{J_2} &= \binom{2J_2}{J_2 + M_2}^{\frac{1}{2}} \boldsymbol{v}_1^{J_2 + M_2} \boldsymbol{v}_2^{J_2 - M_2}, \\ \boldsymbol{w}^{J,M} &= \binom{2J}{J + M}^{\frac{1}{2}} \boldsymbol{w}^{1^{J+M}} \boldsymbol{w}^{2^{J-M}}, \end{aligned}\right\} \tag{5.176}$$

$\boldsymbol{u}_{M_1}^{J_1}$ 可以作为表示 D_J 的基矢，$\boldsymbol{v}_{M_2}^{J_2}$ 可以作为表示 D_{J_2} 的基矢，$\boldsymbol{w}^{J,M}$可以作为共轭表示 $\widetilde{D}_J$ 的基矢，这样可以将(5.175)式写做

$$A = a \sum_{\lambda, M_1, M_2} (-1)^{\lambda} \binom{J_1 + J_2 - J}{\lambda} \binom{J + J_1 - J_2}{J_1 + M_1 + \lambda} \binom{J + J_2 - J_1}{J_2 + M_2 - \lambda}$$

$$\times \left[\binom{2J_1}{J_1 + M_1} \binom{2J_2}{J_2 + M_2} \binom{2J}{J + M} \right]^{-\frac{1}{2}} \boldsymbol{u}_{M_1}^{J_1} \boldsymbol{v}_{M_2}^{J_2} \boldsymbol{w}^{J,M}, \tag{5.177}$$

其中我们利用了公式

$$\binom{J + J_2 - J_1}{J - J_1 - M_2 + \lambda} = \binom{J + J_2 - J_1}{J_2 + M_2 - \lambda}. \tag{5.178}$$

根据§5.7中的讨论，可知表式

$$a \sum_{\lambda} \sum_{M_1 + M_2 = M} (-1)^{\lambda} \binom{J_1 + J_2 - J}{\lambda} \binom{J + J_1 - J_2}{J_1 - M_1 - \lambda} \binom{J + J_2 - J_1}{J_2 + M_2 - \lambda}$$

$$\times \left[\binom{2J_1}{J_1 + M_1} \binom{2J_2}{J_2 + M_2} \binom{2J}{J + M} \right]^{-\frac{1}{2}} \boldsymbol{u}_{M_1}^{J_1} \boldsymbol{v}_{M_2}^{J_2} \tag{5.179}$$

在旋转群的变换中的变换方式和 w_M^J 的变换方式一样，可以作为表示 D_J 的基矢. 比较(5.166)和(5.179)式，经过适当的归一化就得到

$$\langle J_1J_2M_1M_2 \mid JM\rangle = a\sum_\lambda (-1)^\lambda \delta_{M_1+M_2,M}\binom{J_1+J_2-J}{\lambda} \times\binom{J+J_1-J_2}{J_1-M_1-\lambda}\binom{J+J_2-J_1}{J_2+M_2-\lambda} \times\left[\binom{2J_1}{J_1+M_1}\binom{2J_2}{J_2+M_2}\binom{2J}{J+M}\right]^{-\frac{1}{2}}, \tag{5.180}$$

其中常数 a 的选择必须受归一化条件(5.167)式的限制，但是归一化条件不能唯一地确定 a，因为如果 a 能使(5.180)式满足条件(5.167)式，那么 $ae^{i\alpha}$ 也可以使(5.180)式满足条件(5.167)式. 为了以后讨论和应用的方便，我们约定确定 a 的规则，a 应该如此选择，使

$$\langle J_1J_2, M_1=J_1, M_2=-J_2 \mid J, M=J_1-J_2\rangle = \mid \langle J_1J_2J_1, -J_2 \mid J, J_1-J_2\rangle \mid \tag{5.181}$$

是一个正实数. 从(5.180)式可以看出，在用这种规则选择了常数 a 以后，所有的坐标变换矩阵元 $\langle J_1J_2M_1M_2 \mid JM\rangle$ 都是实数. 因此这个矩阵的逆矩阵就是它的转置矩阵. 经过比较复杂的计算，可以得到

$$a=\sqrt{\frac{(2J+1)(2J_1)!(2J_2)!(2J)!}{(J+J_1+J_2+1)!(J_1+J_2-J)!(J+J_1-J_2)!(J+J_2-J_1)!}}. \tag{5.182}$$

将上式代入(5.180)式，可得

$$\langle J_1J_2M_1M_2 \mid JM\rangle = \sum_\lambda (-1)^\lambda \delta_{M_1+M_2,M}\Big[\frac{(2J+1)}{(J_1+J_2+J+1)!} \times(J_1+J_2-J)!(J_2+J-J_1)! \times(J+J_1-J_2)!(J_1+M_1)!(J_1-M_1)!(J_2+M_2)! \times(J_2-M_2)!(J+M)!(J-M)!\Big]^{1/2} \times\Big[\lambda!(J_1+J_2-J-\lambda)!(J_1-M_1-\lambda)!(J_2+M_2-\lambda)! \times(J-J_1-M_2+\lambda)!(J-J_2+M_1+\lambda)!\Big]^{-1}. \tag{5.183}$$

这一矩阵元表达式称为克莱布施-戈登系数. 当 $J_2=\frac{1}{2}$ 时，克莱布施-戈登系数的具体数值见下表：

	$J=J_1+\frac{1}{2}$	$J=J_1-\frac{1}{2}$
$M_2=\frac{1}{2}$	$\sqrt{\frac{J_1+M+\frac{1}{2}}{2J_1+1}}$	$-\sqrt{\frac{J_1-M+\frac{1}{2}}{2J_1+1}}$
$M_2=-\frac{1}{2}$	$\sqrt{\frac{J_1-M+\frac{1}{2}}{2J_1+1}}$	$\sqrt{\frac{J_1+M+\frac{1}{2}}{2J_1+1}}$

当 $J_2=1$ 时，克莱布施-戈登系数的具体数值见下表：

	$J=J_1+1$	$J=J_1$	$J=J_1-1$
$M_2=1$	$\sqrt{\frac{(J_1+M)(J_1+M+1)}{(2J_1+1)(2J_1+2)}}$	$-\sqrt{\frac{(J_1+M)(J_1-M+1)}{2J_1(J_1+1)}}$	$\sqrt{\frac{(J_1-M)(J_1-M+1)}{2J_1(2J_1+1)}}$
$M_2=0$	$\sqrt{\frac{(J_1+M+1)(J_1-M+1)}{(2J_1+1)(J_1+1)}}$	$\frac{M}{\sqrt{J_1(J_1+1)}}$	$-\sqrt{\frac{(J_1+M)(J_1-M)}{J_1(2J_1+1)}}$
$M_2=-1$	$\sqrt{\frac{(J_1-M)(J_1-M+1)}{(2J_1+1)(2J_1+2)}}$	$\sqrt{\frac{(J_1-M)(J_1+M+1)}{2J_1(J_1+1)}}$	$\sqrt{\frac{(J_1+M)(J_1+M+1)}{2J_1(2J_1+1)}}$

利用公式(5.183)来计算克莱布施-戈登系数是很费事的，需要更多的克莱布施-戈登系数时，可以查看下列的书籍：E. U. Condon 和 G. H. Shortley 的 The Theory of the Atomic Spectra (1951)；A. R. Edmonds 的 Angular Momentum in Quantum Mechanics (1960)等.

可以证明，克莱布施-戈登系数有如下的一些性质：

$$\left.\begin{aligned}
&\langle JJM,-M\mid 00\rangle=(-1)^{J-M}\frac{1}{\sqrt{2J+1}};\\
&\langle J0M0\mid JM\rangle=1;\\
&\langle J_1J_2M_1M_2\mid JM\rangle=(-1)^{J_1+J_2-J}\langle J_2J_1M_2M_1\mid JM\rangle;\\
&\langle J_1J_2,-M_1,-M_2\mid J,-M\rangle=(-1)^{J_1+J_2-J}\langle J_1J_2M_1M_2\mid JM\rangle;\\
&\langle J_1J_2M_1M_2\mid JM\rangle=(-1)^{J_2+M_2}\sqrt{\frac{2J+1}{2J_1+1}}\langle J_2J,-M_2M\mid J_1M_1\rangle;\\
&\langle J_1J_2M_1M_2\mid JM\rangle=(-1)^{J_1-M_1}\sqrt{\frac{2J+1}{2J_2+1}}\langle JJ_1M,-M_1\mid J_2M_2\rangle.
\end{aligned}\right\}\tag{5.184}$$

其中第一式和第二式可以从(5.180)和(5.182)式直接看出来. 将(5.180)和

(5.182)式中的 J_1, M_1 和 J_2, M_2 交换,可以看出 a 不因此改变,而

$$\begin{aligned}\langle J_2 J_1 M_2 M_1 \mid J_1 M\rangle = a\sum_{\lambda}(-1)^{\lambda}\delta_{M_1+M_2,M}&\binom{J_1+J_2-J}{\lambda}\\ &\times\binom{J+J_2-J_1}{J_2-M_2-\lambda}\binom{J+J_1-J_2}{J_1+M_1-\lambda}\\ &\times\left[\binom{2J_2}{J_2+M_2}\binom{2J_1}{J_1+M_1}\binom{2J}{J+M}\right]^{-\frac{1}{2}},\end{aligned} \tag{5.185}$$

考虑到

$$\left.\begin{aligned}\binom{J+J_2-J_1}{J_2-M_2-\lambda}&=\binom{J+J_2-J_1}{J-J_1+M_2+\lambda},\\ \binom{J+J_1-J_2}{J_1+M_1-\lambda}&=\binom{J+J_1-J_2}{J-J_2-M_1+\lambda},\\ \binom{J_1+J_2-J}{\lambda}&=\binom{J_1+J_2-J}{J_1+J_2-J-\lambda},\end{aligned}\right\} \tag{5.186}$$

并令

$$J_1+J_2-J-\lambda=\mu, \tag{5.187}$$

将(5.186)和(5.187)式代入(5.185)式,就可以立刻得到(5.184)式中的第三式.由于

$$\begin{aligned}&\langle J_1 J_2, -M_1, -M \mid J, -M\rangle\\ &=a\sum_{\lambda}(-1)^{\lambda}\delta_{M_1+M_2,M}\binom{J_1+J_2-J}{\lambda}\binom{J+J_1-J_2}{J_1+M_1-\lambda}\binom{J+J_2-J_1}{J_2-M_2-\lambda}\\ &\times\left[\binom{2J_1}{J_1-M_1}\binom{2J_2}{J_2-M_2}\binom{2J}{J-M}\right]^{-\frac{1}{2}},\end{aligned} \tag{5.188}$$

考虑到

$$\binom{a}{b}=\binom{a}{a-b}, \tag{5.189}$$

比较(5.185)和(5.188)式,可以立刻得到

$$\langle J_1 J_2, -M_1, -M_2 \mid J, -M\rangle = \langle J_2 J_1 M_2 M_1 \mid JM\rangle, \tag{5.190}$$

这样就证明了(5.184)中的第四式.将(5.180)和(5.182)式做如下的变化:

$$\left.\begin{aligned}&(J_1,M_1)\rightarrow(J_2,-M_2),\\&(J_2,M_2)\rightarrow(J,M),\\&(J,M)\rightarrow(J_1,M_1),\end{aligned}\right\}\tag{5.191}$$

那么就有

$$\begin{aligned}&a\rightarrow\sqrt{\frac{2J_1+1}{2J+1}}a,\\&\langle J_1J_2M_1M_2\mid JM\rangle\rightarrow\langle J_2J,-M_2M\mid J_1M_1\rangle\\&=a\sqrt{\frac{2J_1+1}{2J+1}}\sum_\lambda(-1)^\lambda\delta_{-M_2+M,M_1}\\&\quad\times\binom{J_2+J-J_1}{\lambda}\binom{J_1+J_2-J}{J_2+M_2-\lambda}\binom{J_1+J-J_2}{J+M-\lambda}\\&\quad\times\left[\binom{2J_2}{J_2-M_2}\binom{2J}{J+M}\binom{2J_1}{J_1+M_1}\right]^{-\frac{1}{2}}.\end{aligned}\tag{5.192}$$

考虑到(5.189)式，并令

$$\lambda=J_2+M_2-\mu,\tag{5.193}$$

就得到

$$\langle J_2J,-M_2M\mid J_1M_1\rangle=(-1)^{J_2+M_2}\sqrt{\frac{2J_1+1}{2J+1}}\langle J_1J_2M_1M_2\mid JM\rangle.\tag{5.194}$$

这就是(5.184)中的第五式. 因为 J_2+M_2 是一个整数，将(5.180)和(5.182)式中的表式作如下的变换：

$$\left.\begin{aligned}&(J_1,M_1)\rightarrow(J,M),\\&(J_2,M_2)\rightarrow(J_1,-M_1),\\&(J,M)\rightarrow(J_2,M_2),\end{aligned}\right\}\tag{5.195}$$

那么就得

$$\begin{aligned}&a\rightarrow\sqrt{\frac{2J_2+1}{2J+1}}a,\\&\langle J_1J_2M_1M_2\mid JM\rangle\rightarrow\langle JJ_1M,-M_1\mid J_2M_2\rangle\\&=a\sqrt{\frac{2J_2+1}{2J+1}}\sum_\lambda(-1)^\lambda\delta_{M-M_1,M_2}\\&\quad\times\binom{J+J_1-J_2}{\lambda}\binom{J_2+J-J_1}{J-M-\lambda}\binom{J_2+J_1-J}{J_1-M_1-\lambda}\end{aligned}$$

$$\times\left[\binom{2J}{J+M}\binom{2J_1}{J_1-M_1}\binom{2J_2}{J_2+M_2}\right]^{-\frac{1}{2}}. \tag{5.196}$$

考虑到(5.189)式，令

$$\lambda = J_1 - M_1 - \mu, \tag{5.197}$$

就得到

$$\begin{aligned}&\langle JJ_1M, -M_1 \mid J_2M_2\rangle \\ &= (-1)^{J_1-M_1}\sqrt{\frac{2J_2+1}{2J+1}}\langle J_1J_2M_1M_2 \mid JM\rangle,\end{aligned} \tag{5.198}$$

这就是(5.184)中的第六式，因为 J_1-M_1 是一个整数.

§5.10 完全的三维正交群的表示

我们称旋转群和反射群的乘积为完全的三维正交群，群的元素由旋转群的元素、反射群的元素以及它们的乘积组成. 反射变换

$$x_i \to -x_i \quad (i=1,2,3) \tag{5.199}$$

是二阶的阿贝尔群，有两个不可约的表示：一个是单位表示，另一个是

$$-1, \tag{5.200}$$

代表反射. 考虑三维的旋转群的表示，和群元素相应的线性变换是三维正交变换，其行列式等于1. 将变换(5.199)写成矩阵形式，那么变换矩阵就具有如下的形式：

$$\begin{pmatrix}-1 & 0 & 0\\ 0 & -1 & 0\\ 0 & 0 & -1\end{pmatrix}, \tag{5.201}$$

其行列式等于－1. 不难看出，代表一个旋转和一个反射的乘积的变换的行列式都等于－1. 每一个行列式等于－1的正交变换相应于一个旋转和反射的乘积. 我们称一切正交变换(既包括含行列式等于1的，也包含行列式等于－1的正交变换)为完全正交群. 因此旋转和反射群的乘积同构于三维完全正交群，三维完全正交群的表示同时就是旋转群和反射群的乘积群的表示.

不难给出三维完全正交群的不可约表示. 考虑任何一个不可约的表示. 由于反射和所有的旋转可以对易，因此表示反射的矩阵可以和不可约表示中所有群元素的矩阵对易. 根据舒尔引理，可知表示反射的矩阵只可能是单位矩阵和某一个数的乘积. 由于连续进行二次反射又得到单位元素，相应的矩阵必须

是单位矩阵,因此表示反射的矩阵只能是单位矩阵或负的单位矩阵.

显然,三维完全正交群的不可约表示也是旋转群的不可约表示. 设在三维完全正交群的不可约表示中所包含的旋转群的不可约表示是 D_J,那么代表一个旋转和一个反射乘积的群元素的表示不是 D_J 就是 $-D_J$. 如果 J 是整数,D_J 是单值表示,那么相应地三维完全正交群有两个表示

$$D_J^+, D_J^-, \tag{5.202}$$

在前面的一个表示中,反射由单位矩阵代表;在后面一个表示中,反射由负的单位矩阵来代表. 如果 J 是半整数,那么和旋转群的不可约表示相应,只有一个三维完全正交群的表示,也写做 D_J. 因为在这种情况下即使是单位元素也既可以由单位矩阵表示,也可以由负的单位矩阵来表示,因此反射自然也既可以由单位矩阵来表示,也可以由负的单位矩阵来表示.

第六章　旋转群表示的应用

§6.1　对称性和守恒定律

在第一章中我们讨论了经典力学中对称性质和守恒量之间的关系，可以证明，类似的关系存在于量子力学之中. 描写量子力学系统的薛定谔方程是

$$\mathrm{i}\frac{\partial}{\partial t}\psi = H\psi, \tag{6.1}$$

其中 ψ 是描述物理状态的波函数，它是一套完全的可以对易的力学量的函数；H 是哈密顿量算符，它是代表一套完全的可对易的力学量的算符的函数. 如果我们所讨论的量子力学系统是闭合的，那么 H 在薛定谔表象中就不是时间的函数. 薛定谔方程的定态解

$$\psi_n \quad (n = 1,2,3,\cdots) \tag{6.2}$$

可能有无穷多个，它们都是算符 H 的本征函数，其相应的本征值是

$$E_n \quad (n = 1,2,3,\cdots), \tag{6.3}$$

我们称 E_n 为定态 ψ_n 的能量. 有的时候不同的定态的能量相同，我们称和这个能量相应的能级是退化的或简并的. 处于不同能级的波函数是相互正交的；在退化的能级中，我们可以选取一套完全的正交的定态波函数，使这一退化能级中的任何定态波函数都可以表达为这一套完全的正交的波函数的叠加. 为了讨论方便，我们用符号

$$\psi_{ns} \quad (n = 1,2,3,\cdots; s = 1,2,3,\cdots,s_n) \tag{6.4}$$

代表这一套选定的完全的正交的归一化的定态波函数. 其中 n 标志这一定态的能量是 E_n，s_n 则代表这一能级的简并度，s 标志这一简并的能级中已经选定的各个相互正交的定态.

由于哈密顿量算符是一个线性算符，所以薛定谔方程的任何解都可以表示为(6.4)式中波函数的叠加，也就是说，我们所讨论的物理系统的任何可能的状态的波函数 ψ 都可以看做

$$\psi = \sum_{n,s} c_{ns}\psi_{ns}. \tag{6.5}$$

可以将所有可能的状态的波函数的集体当做一个无限维矢量空间，ψ_{ns}是这个矢量空间中的一套正交的归一化的基矢，ψ是这个矢量空间中的一个矢量，其相应的分量是c_{ns}. 我们称这种矢量空间为希尔伯特空间. 显然，所有如下的波函数

$$\psi = \sum_{s=1}^{s_n} c_{ns}\psi_{ns} \tag{6.6}$$

的集体形成希尔伯特空间中的一个子空间，当(6.6)式中的n取一个确定的数值. 可以看出，对于哈密顿量算符H说来，这个子空间是不变子空间.

由于空间的均匀性，如果物理系统处在一个可能存在的物理状态，那么将整个物理系统平行移动到空间的另一处以后的状态也代表一个可能存在的物理状态. 换言之，如果

$$\psi(\boldsymbol{x}^{(1)},\boldsymbol{x}^{(2)},\cdots,\boldsymbol{x}^{(n)},t) \tag{6.7}$$

代表一个薛定谔方程的一个解，那么

$$\begin{aligned}&\psi'(\boldsymbol{x}^{(1)},\boldsymbol{x}^{(2)},\cdots,\boldsymbol{x}^{(n)},t)\\&=\psi(\boldsymbol{x}^{(1)}-\boldsymbol{\Delta},\boldsymbol{x}^{(2)}-\boldsymbol{\Delta},\cdots,\boldsymbol{x}^{(n)}-\boldsymbol{\Delta},t)\end{aligned} \tag{6.8}$$

也是薛定谔方程的一个解，其中$\boldsymbol{\Delta}$代表平行移动的矢量. 我们用简式

$$\psi' = T_{\boldsymbol{\Delta}}\psi \tag{6.9}$$

代表由(6.7)式到(6.8)式的变换，显然变换是线性的. 因此$T_{\boldsymbol{\Delta}}$是希尔伯特空间中的一个线性变换算符，所有在空间中的平行移动形成一个群，显然，线性变换$T_{\boldsymbol{\Delta}}$是这个群的表示.

子空间(6.6)对于平行移动群显然是一个不变子空间. 因为由ψ_{ns}描述的状态的能量是E_n，那么由$\psi'=T_{\boldsymbol{\Delta}}\psi_{ns}$所描述的平行移动后的状态的能量应该也等于$E_n$. 亦即$\psi$可以表达为如(6.6)式中的叠加：

$$\psi' = T_{\boldsymbol{\Delta}}\psi_{ns} = \sum_{s'}\psi_{ns'}t^n_{s's}, \tag{6.10}$$

其中$t^n_{s's}$是$T_{\boldsymbol{\Delta}}$的矩阵元. 这就说明了算符$T_{\boldsymbol{\Delta}}$和哈密顿量算符H可以对易，因为对于希尔伯特空间中的任何矢量ψ来说，都有

$$\begin{aligned}HT_{\boldsymbol{\Delta}}\psi &= HT_{\boldsymbol{\Delta}}\sum_{n,s}c_{ns}\psi_{ns} = \sum_{n,s}c_{ns}E_nT_{\boldsymbol{\Delta}}\psi_{ns} = \sum_{n,s}c_{ns}T_{\boldsymbol{\Delta}}H\psi_{ns}\\&= T_{\boldsymbol{\Delta}}H\psi.\end{aligned} \tag{6.11}$$

平行移动是连续群，它的群元素可以由三个参量来标志. 我们以平行移

动的矢量 $\boldsymbol{\Delta}$ 的三个分量($\Delta_1,\Delta_2,\Delta_3$)作为群的参数,并寻求相应的无穷小变换 T_1,T_2,T_3. 利用(6.8)式,我们有

$$\left.\begin{aligned}T_1\psi &= \left[\frac{\partial}{\partial\boldsymbol{\Delta}_1}T_{\boldsymbol{\Delta}}\psi\right]_{\boldsymbol{\Delta}=0} = -\sum_{m=1}^{n}\frac{\partial}{\partial x_1^{(m)}}\psi,\\ T_2\psi &= \left[\frac{\partial}{\partial\boldsymbol{\Delta}_2}T_{\boldsymbol{\Delta}}\psi\right]_{\boldsymbol{\Delta}=0} = -\sum_{m=1}^{n}\frac{\partial}{\partial x_2^{(m)}}\psi,\\ T_3\psi &= \left[\frac{\partial}{\partial\boldsymbol{\Delta}_3}T_{\boldsymbol{\Delta}}\psi\right]_{\boldsymbol{\Delta}=0} = -\sum_{m=1}^{n}\frac{\partial}{\partial x_3^{(m)}}\psi,\end{aligned}\right\} \tag{6.12}$$

因此我们得到如下的平移群的无穷小变换算符:

$$T_1 = -\sum_{m=1}^{n}\frac{\partial}{\partial x_1^{(m)}},\quad T_2 = -\sum_{m=1}^{n}\frac{\partial}{\partial x_2^{(m)}},\quad T_3 = -\sum_{m=1}^{n}\frac{\partial}{\partial x_3^{(m)}},\tag{6.13}$$

当然,它们都可以和哈密顿量算符 H 相互对易. 我们引进如下的厄米算符:

$$P_j = \mathrm{i}T_j = -\mathrm{i}\sum_{m=1}^{n}\frac{\partial}{\partial x_j^{(m)}}\quad (j=1,2,3),\tag{6.14}$$

由于它们都可以和哈密顿量 H 相互对易,因此它们是守恒量,我们称这些守恒量为物理系统的总动量. 可见,和空间的均匀性相应,存在着动量守恒守律.

从时间的均匀性出发,用如上的方式讨论,我们可以得到能量守恒定律. 代表能量的算符是

$$\mathrm{i}\frac{\partial}{\partial t},\tag{6.15}$$

它和时间中的移动群的无穷小算符相连系. 由于在薛定谔表象中,闭合系统的哈密顿量不是时间的函数,因此显然可以和能量算符(6.15)相对易,因此能量是守恒量. 从(6.1)式可以看出,哈密顿量就是能量.

一般地说来,如果物理系统有某种对称性质,那么与之相应的线性变换算符就可以和哈密顿算符 H 对易. 我们就相应地得到一种守恒定律,守恒的力学量和这种线性变换的算符相连系. 如果和对称性质相应的变换形成一个连续群,那么守恒的力学量就和这个群的无穷小变换算符相联系.

因此,如果物理系统的运动规律对于空间转动具有不变性,那么旋转群的无穷小算符 I_1,I_2,I_3 就和哈密顿量算符相互对易. 我们称由算符

$$M_j = \mathrm{i}I_j\quad (j=1,2,3)\tag{6.16}$$

代表的量为角动量,这样我们就得到了角动量守恒守律. 如果物理系统中粒子都只有重心运动的自由度,不具备别的内部运动自由度,那么波函数就是

仅由这些粒子的坐标 $\boldsymbol{x}^{(m)}$ 组成的函数,

$$\psi = \psi(\boldsymbol{x}^{(1)}, \boldsymbol{x}^{(2)}, \cdots, \boldsymbol{x}^{(n)}, t), \tag{6.17}$$

相应的旋转群的无穷小变换的形式已经由(5.140)式给出,因此在这种情况下,角动量算符就是

$$\left.\begin{aligned} M_1 &= \mathrm{i}\sum_m \left\{ x_3^{(m)} \frac{\partial}{\partial x_2^{(m)}} - x_2^{(m)} \frac{\partial}{\partial x_3^{(m)}} \right\}, \\ M_2 &= \mathrm{i}\sum_m \left\{ x_1^{(m)} \frac{\partial}{\partial x_3^{(m)}} - x_3^{(m)} \frac{\partial}{\partial x_1^{(m)}} \right\}, \\ M_3 &= \mathrm{i}\sum_m \left\{ x_2^{(m)} \frac{\partial}{\partial x_1^{(m)}} - x_1^{(m)} \frac{\partial}{\partial x_2^{(m)}} \right\}. \end{aligned}\right\} \tag{6.18}$$

由于在这种情况下系统内部的粒子只有重心运动,粒子不具有内部运动,我们也称(6.18)式右方的表式为轨道角动量.

在许多情况下,粒子除了重心运动的自由度以外,还具有内部运动的自由度. 这时波函数不仅是描述重心运动状态的粒子坐标 $\boldsymbol{x}$ 的函数,还应该是描述内部运动的变数的函数. 作为一个例子,我们讨论一个粒子在一个球形对称的势场中运动的情况. 如果这个粒子具有内部运动自由度,我们以符号 σ 标志内部运动状态,那么波函数可以明显地写做

$$\psi(\boldsymbol{x}, \sigma, t), \tag{6.19}$$

其中坐标 $\boldsymbol{x}$ 是连续的变数. 由于内部运动常常只能取有限几个彼此独立的状态,因此 σ 常常是不连续的变数,只能取分立的数值. 这时我们常常将波函数写做

$$\psi^{\sigma}(\boldsymbol{x}, t) \quad (\sigma = 1, 2, \cdots, \sigma_0), \tag{6.20}$$

其中 σ_0 是彼此独立的内部运动状态的数目. 有时为了方便,我们也常常将(6.19)式中的波函数写做一列:

$$\begin{pmatrix} \psi^1(\boldsymbol{x}, t) \\ \psi^2(\boldsymbol{x}, t) \\ \psi^3(\boldsymbol{x}, t) \\ \vdots \\ \psi^{\sigma_0}(\boldsymbol{x}, t) \end{pmatrix}. \tag{6.21}$$

在旋转时,波函数 ψ 变换为

$$\psi' = D\psi, \tag{6.22}$$

其中 D 为代表旋转的线性变换算符. (6.22)式可以明显地写做

$$\psi'^{\sigma}(\boldsymbol{x}, t) = \sum_{\rho} D_{\sigma\rho} \psi^{\rho}(\boldsymbol{x}', t), \tag{6.23}$$

其中

$$x_i = \sum_j a_{ij} x'_j, \quad x'_i = \sum_j x_j a_{ji}, \tag{6.24}$$

a_{ij} 是代表旋转的三维正交矩阵的矩阵元. 系数 $D_{\sigma\rho}$ 决定波函数的各个分量在旋转时如何变换;可以将所有可能的内部运动状态的集体当做一个矢量空间,在旋转中,这个线性矢量空间变换为其自身,给出旋转群的一个表示,$D_{\sigma\rho}$ 就是这个旋转群表示的矩阵的矩阵元,它们当然是旋转参数 $\alpha_1,\alpha_2,\alpha_3$ 的函数.(6.24)式中的矩阵元 a_{ij} 当然也是旋转参数 $\alpha_1,\alpha_2,\alpha_3$ 的函数. 将(6.23)式对 α_j 微分就可以得到旋转群的无穷小变换算符

$$\begin{aligned}\frac{\partial}{\partial\alpha_1}\{\psi'^{\sigma}_{(\boldsymbol{x},t)}\}_{\boldsymbol{\alpha}=\boldsymbol{0}} &= \left\{\sum_\rho \frac{\partial D_{\sigma\rho}}{\partial\alpha_1}\psi^\rho(\boldsymbol{x}',t) + \sum_\rho D_{\sigma\rho}\frac{\partial\psi^\rho(\boldsymbol{x}',t)}{\partial\alpha_1}\right\}_{\boldsymbol{\alpha}=\boldsymbol{0}} \\ &= \sum_\rho I^{(1)}_{\sigma\rho}\psi^\rho(\boldsymbol{x},t) + \left(x_3\frac{\partial}{\partial x_2} - x_2\frac{\partial}{\partial x_3}\right)\psi^\sigma(\boldsymbol{x},t).\end{aligned} \tag{6.25}$$

因为当 $\boldsymbol{\alpha}=\boldsymbol{0}$ 时,$\boldsymbol{x}'=\boldsymbol{x}$,$D_{\sigma\rho}=\delta_{\sigma\rho}$,所以上式中 $I^{(1)}_{\sigma\rho}$ 代表由内部运动给出的旋转群表示的绕第一个轴旋转的无穷小变换,一般地有

$$I^{(j)}_{\sigma\rho} = \left\{\frac{\partial D_{\sigma\rho}}{\partial\alpha_j}\right\}_{\boldsymbol{\alpha}=\boldsymbol{0}} \quad (j=1,2,3). \tag{6.26}$$

我们以符号 $I^{(j)}$ 代表具有矩阵元 $I^{(j)}_{\sigma\rho}$ 的矩阵,因此在粒子具有内部运动的情况下,旋转群的无穷小变换具有如下的形式:

$$\left.\begin{aligned} &I^{(1)} + x_3\frac{\partial}{\partial x_2} - x_2\frac{\partial}{\partial x_3}, \\ &I^{(2)} + x_1\frac{\partial}{\partial x_3} - x_3\frac{\partial}{\partial x_1}, \\ &I^{(3)} + x_2\frac{\partial}{\partial x_1} - x_1\frac{\partial}{\partial x_2}, \end{aligned}\right\} \tag{6.27}$$

与之相应,角动量算符就是

$$\left.\begin{aligned} M_j &= S_j + L_j, \\ S_j &= \mathrm{i}I^{(j)}, \\ L_1 &= \mathrm{i}\left(x_3\frac{\partial}{\partial x_2} - x_2\frac{\partial}{\partial x_3}\right), \\ L_2 &= \mathrm{i}\left(x_1\frac{\partial}{\partial x_3} - x_3\frac{\partial}{\partial x_1}\right), \\ L_3 &= \mathrm{i}\left(x_2\frac{\partial}{\partial x_1} - x_1\frac{\partial}{\partial x_2}\right), \end{aligned}\right\} \tag{6.28}$$

其中 L_j 代表由粒子的重心运动而产生的角动量，称为轨道角动量；S_j 代表由粒子内部运动所产生的角动量，称为自旋角动量. 例如，当粒子的波函数有二个分量时，在旋转中按表示 $D_{\frac{1}{2}}$ 变换，那么相应的无穷小变换已经由(5.118)式给出，相应的自旋算符是

$$\left.\begin{aligned} S_1 &= \frac{1}{2}\sigma_1 = \frac{1}{2}\begin{pmatrix} 0 & 1 \\ 1 & 0 \end{pmatrix}, \\ S_2 &= \frac{1}{2}\sigma_2 = \frac{1}{2}\begin{pmatrix} 0 & -\mathrm{i} \\ \mathrm{i} & 0 \end{pmatrix}, \\ S_3 &= \frac{1}{2}\sigma_3 = \frac{1}{2}\begin{pmatrix} 1 & 0 \\ 0 & -1 \end{pmatrix}, \end{aligned}\right\} \tag{6.29}$$

并有

$$S^2 = S_1^2 + S_2^2 + S_3^2 = \frac{1}{2}\left(1 + \frac{1}{2}\right). \tag{6.30}$$

因此我们称，由这样的波函数所描述的粒子具有自旋$\frac{1}{2}$. 又例如：当粒子的波函数有三个分量时，在旋转中像一个矢量那样变换，亦即按表示 D_1 变换，那么相应的无穷小变换已经由(5.95)式给出，相应的自旋算符是

$$\left.\begin{aligned} S_1 &= \begin{pmatrix} 0 & 0 & 0 \\ 0 & 0 & -\mathrm{i} \\ 0 & \mathrm{i} & 0 \end{pmatrix}, \\ S_2 &= \begin{pmatrix} 0 & 0 & \mathrm{i} \\ 0 & 0 & 0 \\ -\mathrm{i} & 0 & 0 \end{pmatrix}, \\ S_3 &= \begin{pmatrix} 0 & -\mathrm{i} & 0 \\ \mathrm{i} & 0 & 0 \\ 0 & 0 & 0 \end{pmatrix}, \end{aligned}\right\} \tag{6.31}$$

并有

$$S^2 = S_1^2 + S_2^2 + S_3^2 = 1(1+1). \tag{6.32}$$

因此我们称由这样的波函数所描述的粒子具有自旋 1. 例如，电磁辐射场由光子组成，电磁辐射场可以由一个矢势 $\boldsymbol{A}(\boldsymbol{x},t)$来描述，因此光子的自旋是 1. 一般说来，描述一个粒子的波函数的分量在旋转中按照表示 D_J 变换，那么这个粒子就具有自旋 J.

如果所讨论的物理系统的运动规律对于左右具有对称性.具体地说,如果任何一个物理上可能存在的状态的镜像状态也是物理上可能存在的状态,那么描述空间反射的线性变换算符就和哈密顿量算符 H 可以相互对易.我们称这个描述空间反射的线性变换算符所代表的力学量为宇称,这样就得到宇称守恒定律.当然,如果所讨论的物理系统的运动规律并不具有这样的反射对称的性质,即一个可能存在的状态的镜像状态并不一定是客观上可能存在的状态,那么也就不存在宇称守恒定律.

和角动量相似,一个粒子的宇称不仅决定于这个粒子的轨道运动,也依赖于粒子的内部运动,可以如下地来说明.粒子的外部运动所有可能的状态的集体形成一个矢量空间,给出对称群的一个表示.粒子的内部运动所有可能的状态的集体也形成一个矢量空间,也给出对称群的一个表示.整个粒子运动所有可能的状态的集体形成的矢量空间就是由上述两个矢量空间所组成的乘积空间,它所给出的对称群的表示也就是上述两个表示的乘积表示.以空间反射群为例:这个群一共只有两个一维的不可约表示.一个是单位表示;另一个是由 1 表示群的单位元素,以 -1 表示群的反射元素;如果粒子的波函数给出空间反射群的单位表示,那么我们说:这个粒子所处的状态的宇称是正的;如果粒子的波函数给出空间反射群的另一个表示,那么我们称这个粒子所处的状态的宇称是负的.与此相应,如果粒子的内部运动状态给出反射群的一个单位表示,那么我们说,这个粒子的内禀宇称是正的;如果粒子的内部运动状态给出反射群的另一个表示,那么我们说,这个粒子的内禀宇称是负的.以光子为例:在空间反射中矢量 $\boldsymbol{A}$ 的三个分量作如下的变换

$$\boldsymbol{A} \to -\boldsymbol{A}, \tag{6.33}$$

因此光子的内禀宇称是负的.

利用上述的方法,可以从物理系统对于规范变换的不变性推导出电荷守恒定律;可以从物理系统对于同位旋空间中旋转的不变性推导出同位旋守恒定律.当然,如果物理系统具有其它的对称性质,那么相应地可以推导出其它的守恒定律.例如:轻子(电子、中微子等)数目的守恒定律,重子(质子、中子等)数目的守恒定律,奇异数(基本粒子分类中的一种量子数)的守恒定律等等都是物理学中重要的守恒定律,都可以从相应的对称性质推导出来.

§6.2 具有一定宇称和角动量的波函数

在上一节中我们已经指出，属于一个能级的状态形成一个矢量空间. 如果所讨论的物理系统对于旋转具有不变性，那么这个矢量空间就给出旋转群的一个表示. 如果这个表示是可约的，那么这个矢量空间还可以分解为一系列子空间，每一个子空间给出旋转群的一个不可约表示. 现在让我们讨论一个这种子空间中状态的波函数. 为了简单起见，我们讨论一个没有内部自由度的粒子在一个球形对称的势场中的运动. 如果上述的一个子空间给出旋转群的一个表示 D_J，那么可以选择一套正交的归一化的波函数

$$\psi_J^M(\boldsymbol{x},t) \quad (M = J, J-1, \cdots, -J) \tag{6.34}$$

作为这个表示的基矢. 在极坐标下可以将上列波函数展开成为球谐函数的级数，我们有

$$\psi_J^M(\boldsymbol{x},t) = \sum_{L,M'} R_{LM'}(r) \mathrm{Y}_L^{M'}(\theta,\phi) \mathrm{e}^{-\mathrm{i}Et}, \tag{6.35}$$

其中 E 是所讨论的能级的能量. 在上式中，因子

$$R_{LM'}(r)\mathrm{e}^{-\mathrm{i}Et} \tag{6.36}$$

按照旋转群的单位表示而变换，因子

$$\mathrm{Y}_L^{M'}(\theta,\phi) \tag{6.37}$$

则按照旋转群的不可约表示 D_L 的第 M' 个基矢的变换的方式而变换. 为了使(6.35)式左、右二方在旋转中具有相同的变换方式，必须有

$$\psi_J^M(\boldsymbol{x},t) = R_J(r) \mathrm{Y}_J^M(\theta,\phi) \mathrm{e}^{-\mathrm{i}Et}, \tag{6.38}$$

这是一个没有自旋的粒子处在角动量等于 J、角动量的第三个分量等于 M 的状态时的波函数的一般形式.

在空间反射时，

$$\left.\begin{aligned} &\theta \to \pi - \theta, \quad \phi \to \pi + \phi, \\ &\mathrm{Y}_J^M(\theta,\phi) \to (-1)^J \mathrm{Y}_J^M(\theta,\phi), \end{aligned}\right\} \tag{6.39}$$

因此轨道运动给出的宇称是$(-1)^J$. 如果粒子的内禀宇称是正的，那么状态(6.38)的宇称就是$(-1)^J$；如果粒子的内禀宇称是负的，那么状态(6.38)的宇称就是$(-1)^{J+1}$.

现在让我们考虑一个具有自旋等于$\frac{1}{2}$的粒子在一个球形对称的势场中的运动. 我们考虑属于一个能级的状态所形成的矢量空间，它给出旋转群的

一个表示.将这个表示分解为一系列不可约表示以后,我们讨论其中的一个不可约表示 D_J.设给出不可约表示 D_J 的一套正交的归一化的基矢是

$$\psi_J^M(\boldsymbol{x},\sigma,t)\quad (M=J,J-1,\cdots,-J),\tag{6.40}$$

其中 σ 代表内部运动自旋变数.所有可能的自旋状态形成一个二维矢量空间,它给出旋转群的不可约表示 $D_{\frac{1}{2}}$,与之相应,我们取下列自旋波函数

$$u_{\frac{1}{2}}=\begin{pmatrix}1\\0\end{pmatrix},\quad u_{-\frac{1}{2}}=\begin{pmatrix}0\\1\end{pmatrix}\tag{6.41}$$

为表示 $D_{\frac{1}{2}}$ 的基矢.在引进球坐标以后,可以将(6.40)式中的波函数展开成为如下的叠加:

$$\psi_J^M(\boldsymbol{x},\sigma,t)=\mathrm{e}^{-\mathrm{i}Et}\left\{\sum_{L,M'}R_{LM'}^{+}(r)u_{\frac{1}{2}}\mathrm{Y}_L^{M'}(\theta,\phi)+\sum_{L,M'}R_{LM'}^{-}(r)u_{-\frac{1}{2}}\mathrm{Y}_L^{M'}(\theta,\phi)\right\},\tag{6.42}$$

其中 $\mathrm{Y}_L^{M'}(\theta,\phi)$ 可以作为旋转群表示 D_L 的基矢,而表示式

$$u_{\frac{1}{2}}\mathrm{Y}_L^{M'}(\theta,\phi),\quad u_{-\frac{1}{2}}\mathrm{Y}_L^{M'}(\theta,\phi)\tag{6.43}$$

则可以作为乘积表示 $D_{\frac{1}{2}}\times D_L$ 的基矢.在目前的情况下,总角动量是运动常数,但是自旋和轨道角动量未必分别是运动常数.在数学上它表现为:一方面,以(6.43)作为基矢的乘积表示 $D_{\frac{1}{2}}\times D_L$ 是可约的;另一方面,在(6.42)式左方的表式是不可约表示的基矢,必须将表示 $D_{\frac{1}{2}}\times D_L$ 分解为不可约表示.利用(5.166),(5.167)和(5.169)式我们有

$$\begin{aligned}&\psi_J^M(\boldsymbol{x},\sigma,t)\\&=\mathrm{e}^{-\mathrm{i}Et}\left\{\sum_{L,M'}R_{LM'}^{+}(r)\left[\left\langle L+\frac{1}{2},M'+\frac{1}{2}\middle|L\frac{1}{2}M'\frac{1}{2}\right\rangle\varphi_{L+\frac{1}{2}}^{M'+\frac{1}{2}}\right.\right.\\&\left.+\left\langle L-\frac{1}{2},M'+\frac{1}{2}\middle|L\frac{1}{2}M'\frac{1}{2}\right\rangle\varphi_{L-\frac{1}{2}}^{M'+\frac{1}{2}}\right]\\&+\sum_{L,M'}R_{LM'}^{-}(r)\left[\left\langle L+\frac{1}{2},M'-\frac{1}{2}\middle|L\frac{1}{2}M',-\frac{1}{2}\right\rangle\varphi_{L+\frac{1}{2}}^{M'-\frac{1}{2}}\right.\\&\left.\left.+\left\langle L-\frac{1}{2},M'-\frac{1}{2}\middle|L\frac{1}{2}M',-\frac{1}{2}\right\rangle\varphi_{L-\frac{1}{2}}^{M'-\frac{1}{2}}\right]\right\}.\end{aligned}\tag{6.44}$$

利用(5.167)式,不难验证 $\varphi_{L+\frac{1}{2}}^{M'+\frac{1}{2}}$ 等为：

$$\left.\begin{aligned}
\varphi_{L+\frac{1}{2}}^{M'+\frac{1}{2}} &= \sum_{\mu=-\frac{1}{2}}^{\frac{1}{2}} \left\langle L\,\frac{1}{2}, M'+\frac{1}{2}-\mu, \mu \middle| L+\frac{1}{2}, M'+\frac{1}{2}\right\rangle u_\mu Y_L^{M'+\frac{1}{2}-\mu}(\theta,\phi),\\
\varphi_{L-\frac{1}{2}}^{M'+\frac{1}{2}} &= \sum_{\mu=-\frac{1}{2}}^{\frac{1}{2}} \left\langle L\,\frac{1}{2}, M'+\frac{1}{2}-\mu, \mu \middle| L-\frac{1}{2}, M'+\frac{1}{2}\right\rangle u_\mu Y_L^{M'+\frac{1}{2}-\mu}(\theta,\phi),\\
\varphi_{L+\frac{1}{2}}^{M'-\frac{1}{2}} &= \sum_{\mu=-\frac{1}{2}}^{\frac{1}{2}} \left\langle L\,\frac{1}{2}, M'-\frac{1}{2}-\mu, \mu \middle| L+\frac{1}{2}, M'-\frac{1}{2}\right\rangle u_\mu Y_L^{M'-\frac{1}{2}-\mu}(\theta,\phi),\\
\varphi_{L-\frac{1}{2}}^{M'-\frac{1}{2}} &= \sum_{\mu=-\frac{1}{2}}^{\frac{1}{2}} \left\langle L\,\frac{1}{2}, M'-\frac{1}{2}-\mu, \mu \middle| L-\frac{1}{2}, M'-\frac{1}{2}\right\rangle u_\mu Y_L^{M'-\frac{1}{2}-\mu}(\theta,\phi).
\end{aligned}\right\} \tag{6.45}$$

它们分别为不可约表示 $D_{L+\frac{1}{2}}$ 和 $D_{L-\frac{1}{2}}$ 的基矢. 由于(6.44)式左、右二方都只能按照不可约表示 D_J 的第 M 个基矢的方式变换,在合并具有相同变换性质的项以后,我们有

$$\psi_J^M(\boldsymbol{x},\sigma,t) = \mathrm{e}^{-\mathrm{i}Et}\left\{R^+(r)\varphi_{L+\frac{1}{2}=J}^M + R^-(r)\varphi_{L-\frac{1}{2}=J}^M\right\}. \tag{6.46}$$

这是一个自旋等于$\frac{1}{2}$,处在角动量等于 J、角动量在第三轴方向的分量等于 M 的状态中的波函数的一般形式.

为了书写方便,我们引进符号

$$\left.\begin{aligned}
\varphi_J^{+M} &= \sum_\mu \left\langle J-\frac{1}{2}, \frac{1}{2}, M-\mu, \mu \middle| JM\right\rangle u_\mu Y_{J-\frac{1}{2}}^{M-\mu}(\theta,\phi),\\
\varphi_J^{-M} &= \sum_\mu \left\langle J+\frac{1}{2}, \frac{1}{2}, M-\mu, \mu \middle| JM\right\rangle u_\mu Y_{J+\frac{1}{2}}^{M-\mu}(\theta,\phi),
\end{aligned}\right\} \tag{6.47}$$

(6.46)式就可以写做

$$\psi_J^M(\boldsymbol{x},\sigma,t) = \mathrm{e}^{-\mathrm{i}Et}\left\{R^+(r)\varphi_J^{+M} + R^-(r)\varphi_J^{-M}\right\}. \tag{6.48}$$

如果物理系统具有左右对称性,亦即对于空间反射具有不变性,那么宇称就是一个运动常数,属于一个能级的波函数应该给出空间反射群的表示. 换句

话说,属于一个能级的状态所形成的矢量空间应该给出三维完全正交群的不可约表示. 在将这个表示分解为不可约表示之后,不可约表示的基矢只能是

$$R^{+}(r)\varphi_J^{+M}\mathrm{e}^{-\mathrm{i}Et}, \tag{6.49}$$

或只能是

$$R^{-}(r)\varphi_J^{-M}\mathrm{e}^{-\mathrm{i}Et}. \tag{6.50}$$

因为 φ_J^{+M} 和 φ_J^{-M} 具有相反的宇称,如果粒子的内禀宇称是正的,那么状态(6.49)的宇称是$(-1)^{J-\frac{1}{2}}$,状态(6.50)的宇称是$(-1)^{J+\frac{1}{2}}$;如果粒子的内禀宇称是负的,那么状态(6.49)的宇称是$(-1)^{J+\frac{1}{2}}$,状态(6.50)的宇称是$(-1)^{J-\frac{1}{2}}$. 状态(6.49)和(6.50)就是具有一定角动量和一定宇称的自旋等于$\frac{1}{2}$的粒子的波函数的一般形式.

在目前已经发现的基本粒子之中,除了自旋等于零的粒子(π 介子、K 介子)和自旋等于$\frac{1}{2}$的粒子(中微子、电子、μ 子、核子、超子)以外,还有一种自旋等于 1 的粒子,那就是光子. 我们现在讨论自旋等于 1 的粒子的波函数. 所有可能的自旋状态形成一个三维的矢量空间,它们给出旋转群的一个表示 D_1. 和(5.95)式给出的无穷小变换相应,表示 D_1 的一套正交的归一化的基矢是

$$\boldsymbol{\chi}_1=-\frac{1}{\sqrt{2}}\begin{pmatrix}1\\ \mathrm{i}\\ 0\end{pmatrix},\quad \boldsymbol{\chi}_{-1}=\frac{1}{\sqrt{2}}\begin{pmatrix}1\\ -\mathrm{i}\\ 0\end{pmatrix},\quad \boldsymbol{\chi}_0=\begin{pmatrix}0\\ 0\\ 1\end{pmatrix}, \tag{6.51}$$

上式每一个表示中第一、第二、第三行的数字各代表波函数在第一轴、第二轴、第三轴方向的分量. 在上节中已经指出,一个自旋等于 1 的粒子的波函数具有三个分量,在旋转中像一个矢量的分量那样变化. 利用矢量在表示 D_1 的协变分量 c_0,c_1,c_2 和它在直角坐标系中三个分量之间的关系(5.42),并经过归一化,就可以得到表式(6.51). 应用和讨论自旋等于$\frac{1}{2}$的粒子的波函数的方法相同的方法,可以知道,一个自旋等于 1、角动量等于 J、角动量在第三轴方向的分量等于 M 的粒子的波函数具有如下的一般形式:

$$\psi_J^M(\boldsymbol{x},\sigma,t)=\mathrm{e}^{-\mathrm{i}Et}\left\{R^{(1)}(r)\varphi_J^{(1)M}+R^{(0)}(r)\varphi_J^{(0)M}+R^{(-1)}(r)\varphi_J^{(-1)M}\right\}, \tag{6.52}$$

其中 $R^{(1)}$,$R^{(0)}$,$R^{(-1)}$ 都是半径 r 的函数,并有

$$\left.\begin{aligned}\varphi_J^{(1)M} &= \sum_{\mu=-1}^{1}\langle J-1,1,M-\mu,\mu|JM\rangle\chi_\mu Y_{J-1}^{M-\mu}(\theta,\phi),\\ \varphi_J^{(0)M} &= \sum_{\mu=-1}^{1}\langle J1,M-\mu,\mu|JM\rangle\chi_\mu Y_J^{M-\mu}(\theta,\phi),\\ \varphi_J^{(-1)M} &= \sum_{\mu=-1}^{1}\langle J+1,1,M-\mu,\mu|JM\rangle\chi_\mu Y_{J+1}^{M-\mu}(\theta,\phi).\end{aligned}\right\}\tag{6.53}$$

如果粒子的内禀宇称和光子的内禀宇称那样是负的,那么 $\varphi_J^{(1)M}$ 和 $\varphi_J^{(-1)M}$ 的宇称都是$(-1)^J$,而 $\varphi_J^{(0)M}$ 的宇称则是$(-1)^{J+1}$. 因此此时角动量等于 J、角动量在第三轴方向的分量等于 M、宇称等于$(-1)^J$、自旋等于 1 的粒子的波函数的一般形式是

$$e^{-iEt}\left\{R^{(1)}(r)\varphi_J^{(1)M}+R^{(-1)}(r)\varphi_J^{(-1)M}\right\};\tag{6.54}$$

角动量等于 J、角动量在第三轴方向的分量等于 M,宇称等于$(-1)^{J+1}$,自旋等于 1 的粒子的波函数的一般形式是:

$$e^{-iEt}R^{(0)}(r)\varphi_J^{(0)M}.\tag{6.55}$$

作为一个例子,我们讨论一个自由光子处在具有一定角动量和一定宇称状态中的波函数. 电磁辐射可以用一个矢势 $\boldsymbol{A}(\boldsymbol{x},t)$ 来描述,它满足如下的运动方程

$$\Box\boldsymbol{A}=0,\quad \Box=\frac{\partial^2}{\partial x_1^2}+\frac{\partial^2}{\partial x_2^2}+\frac{\partial^2}{\partial x_3^2}-\frac{\partial^2}{\partial t^2},\tag{6.56}$$

并必须满足如下的洛伦兹条件(库仑规范)

$$\nabla\cdot\boldsymbol{A}=0.\tag{6.57}$$

我们可以利用运动方程(6.56)寻求 $R^{(1)}$,$R^{(0)}$,$R^{(-1)}$ 的形式. 通常光子(静止质量为零)的能量以符号 ω 代表,动量以符号 $\boldsymbol{k}$ 代表,并且有

$$|\boldsymbol{k}|=\omega.\tag{6.58}$$

作为一个例子,以(6.55)式代入(6.56)式,就得到

$$(\Delta+\omega^2)R^{(0)}(r)\varphi_J^{(0)M}=0,\tag{6.59}$$

其中 Δ 为拉普拉斯算符. 引入球坐标,得到

$$\left\{\left[\frac{1}{r^2}\frac{\partial}{\partial r}\left(r^2\frac{\partial}{\partial r}\right)+\frac{1}{r^2}\left(\frac{1}{\sin\theta}\frac{\partial}{\partial\theta}\right)\left(\sin\theta\frac{\partial}{\partial\theta}\right)+\frac{1}{\sin^2\theta}\frac{\partial^2}{\partial\phi^2}\right]+\omega^2\right\}R^{(0)}(r)\varphi_J^{(0)M}=0,\tag{6.60}$$

利用球谐函数 $Y_L^M(\theta,\phi)$ 的性质，上式可简化为

$$\frac{1}{r^2}\left\{\frac{\partial}{\partial r}\left(r^2\frac{\partial}{\partial r}\right)-J(J+1)+\omega^2r^2\right\}R^{(0)}(r)=0, \tag{6.61}$$

上式的解是

$$R^{(0)}(r)=b_0\frac{1}{\sqrt{\omega r}}\mathrm{J}_{J+\frac{1}{2}}(\omega r). \tag{6.62}$$

其中 b_0 是任意常数，J 是贝塞尔函数.(6.61)式还有依赖于诺伊曼函数或汉克尔函数的解，但是这些解在原点具有高阶的奇点，不能用做波函数，所以不取.为了书写方便，我们引进如下的符号：

$$g_J(\omega r)=(2\pi)^{3/2}\mathrm{i}^J\frac{\mathrm{J}_{J+\frac{1}{2}}(\omega r)}{\sqrt{\omega r}}, \tag{6.63}$$

它们满足如下的归一化条件

$$\int_0^\infty r^2\mathrm{d}r\,g_J^*(\omega' r)g_J(\omega r)=(2\pi)^3\frac{\delta(\omega-\omega')}{\omega^2}, \tag{6.64}$$

那么，不难证明 $R^{(1)}$，$R^{(0)}$ 和 $R^{(-1)}$ 具有如下的形式

$$\left.\begin{aligned}R^{(1)}(r)&=a_1g_{J-1}(\omega r),\\R^{(-1)}(r)&=a_{-1}g_{J+1}(\omega r),\\R^{(0)}(r)&=a_0g_J(\omega r).\end{aligned}\right\} \tag{6.65}$$

此外，光子的波函数必须满足洛伦兹条件(6.57)，即将(6.54)，(6.55)和(6.65)式代入(6.57)式，必须要有

$$a_1:a_{-1}=\sqrt{J+1}:\sqrt{J}. \tag{6.66}$$

经过适当的归一化，我们得到如下的光子的波函数：

$$\psi_J^{(\mathrm{E})M}=\mathrm{e}^{-\mathrm{i}\omega t}\left\{\sqrt{\frac{J+1}{2J+1}}g_{J-1}(\omega r)\varphi_J^{(1)M}+\sqrt{\frac{J}{2J+1}}g_{J+1}(\omega r)\varphi_{J+1}^{(-1)M}\right\}, \tag{6.67a}$$

$$\psi_J^{(\mathrm{M})M}=\mathrm{e}^{-\mathrm{i}\omega t}g_J(\omega r)\varphi_J^{(0)M}\quad(J=1,2,3,\cdots). \tag{6.67b}$$

(6.67a)中的波函数的宇称是$(-1)^J$，称为电 2^J 极辐射的波函数.(6.67b)中的波函数的宇称是$(-1)^{J+1}$，称为磁 2^J 极辐射的波函数.

§6.3 选择定则

现让我们讨论一个粒子系统放出电磁辐射的过程.设系统中共有 n 个

粒子，其坐标分别为

$$\boldsymbol{x}_1, \boldsymbol{x}_2, \cdots, \boldsymbol{x}_n, \tag{6.68}$$

其电荷分别为 $e_1, e_2, \cdots, e_n$，其质量分别为 $m_1, m_2, \cdots, m_n$. 如果系统原来处于状态 Ψ_{i}，现让我们来求系统放出一个动量为 $\boldsymbol{k}$、极化矢量为 $\boldsymbol{e}$ 的光子而跃迁至状态 Ψ_{f} 的几率. 利用微扰论，可以知道相应的最低次跃迁 S 矩阵元是

$$\langle \mathrm{f} \mid S \mid \mathrm{i} \rangle = M_{\mathrm{fi}} \delta(\boldsymbol{p}_{\mathrm{i}} - \boldsymbol{p}_{\mathrm{f}} - \boldsymbol{k}) \delta(E_{\mathrm{i}} - E_{\mathrm{f}} - \omega), \tag{6.69}$$

其中 M_{fi} 的表式是

$$M_{\mathrm{fi}} = \frac{(2\pi)^4}{\sqrt{2\omega}} \int \mathrm{d}\boldsymbol{x} \Psi_{\mathrm{f}}^* \sum_{j=1}^{n} \frac{e_j}{m_j} \mathrm{e}^{-\mathrm{i}\boldsymbol{k}\cdot\boldsymbol{x}_j} (\boldsymbol{e}^* \cdot \nabla_j) \Psi_{\mathrm{i}}, \tag{6.70}$$

其中 $\mathrm{d}\boldsymbol{x}$ 是

$$\mathrm{d}\boldsymbol{x}_1 \mathrm{d}\boldsymbol{x}_2 \cdots \mathrm{d}\boldsymbol{x}_n \tag{6.71}$$

的简写，ω 是光子的能量，并有 $\omega = |\boldsymbol{k}|$；$\boldsymbol{p}_{\mathrm{i}}, E_{\mathrm{i}}$ 是粒子系统始态所具有的总动量和总能量；$\boldsymbol{p}_{\mathrm{f}}, E_{\mathrm{f}}$ 则是粒子终态所具有的总动量和总能量. (6.69)式右方表式的第二个因子和第三个因子分别反映了动量守恒和能量守恒. 当然，极化矢量 $\boldsymbol{e}$ 垂直于 $\boldsymbol{k}$，因此有

$$\boldsymbol{e} \cdot \boldsymbol{k} = 0. \tag{6.72}$$

为了写起来方便，我们引进如下的符号来代表磁多极辐射和电多极辐射波函数中的依赖于空间坐标的因子(其中 θ, ϕ 为 $\boldsymbol{x}$ 的方向角)，

$$\left.\begin{aligned} \boldsymbol{A}_{LM}^{(0)}(\boldsymbol{x}) &= g_L(\omega r) \varphi_L^{(0)M}(\theta,\phi), \\ \boldsymbol{A}_{LM}^{(1)}(\boldsymbol{x}) &= \sqrt{\frac{L+1}{2L+1}} g_{L-1}(\omega r) \varphi_L^{(1)M}(\theta,\phi) \\ &\quad + \sqrt{\frac{L}{2L+1}} g_{L+1}(\omega r) \varphi_L^{(-1)M}(\theta,\phi). \end{aligned}\right\} \tag{6.73}$$

同时引进光子的动量 $\boldsymbol{k}$ 在球坐标中的角坐标 θ_k, ϕ_k. 再引进表式

$$\left.\begin{aligned} \boldsymbol{A}_{LM}^{(0)}(\theta_k,\phi_k) &= \varphi_L^{(0)M}(\theta_k,\phi_k), \\ \boldsymbol{A}_{LM}^{(1)}(\theta_k,\phi_k) &= \sqrt{\frac{L+1}{2L+1}} \varphi_L^{(1)M}(\theta_k,\phi_k) + \sqrt{\frac{L}{2L+1}} \varphi_L^{(-1)M}(\theta_k,\phi_k), \end{aligned}\right\} \tag{6.74}$$

那么就可以将描述具有一定动量 $\boldsymbol{k}$ 和一定极化 $\boldsymbol{e}$ 的光子的平面波函数

$$\boldsymbol{e}\,\mathrm{e}^{\mathrm{i}\boldsymbol{k}\cdot\boldsymbol{x}} \tag{6.75}$$

表达为磁多极辐射和电多极辐射波函数(6.73)的叠加. 利用公式

$$\mathrm{e}^{\mathrm{i}\boldsymbol{k}\cdot\boldsymbol{x}} = \sum_{L,M} g_L(\omega r) Y_L^M(\theta,\phi) Y_L^{M*}(\theta_k,\phi_k) \tag{6.76}$$

以及关系(6.72)式,可以证明:

$$\boldsymbol{e}\,\mathrm{e}^{\mathrm{i}\boldsymbol{k}\cdot\boldsymbol{x}} = \sum_{L,M} \{C_{LM}^{(0)*}\ \boldsymbol{A}_{LM}^{(0)}(\boldsymbol{x}) + C_{LM}^{(1)*}\ \boldsymbol{A}_{LM}^{(1)}(\boldsymbol{x})\}, \tag{6.77}$$

其中

$$\left.\begin{aligned} C_{LM}^{(0)} &= \boldsymbol{e}\cdot\boldsymbol{A}_{LM}^{(0)}(\theta_k,\phi_k), \\ C_{LM}^{(1)} &= \boldsymbol{e}\cdot\boldsymbol{A}_{LM}^{(1)}(\theta_k,\phi_k). \end{aligned}\right\} \tag{6.78}$$

将(6.77)式代入(6.70)式就得

$$M_{\mathrm{fi}} = \frac{(2\pi)^4}{\sqrt{2\omega}} \sum_{L,M}\sum_{\alpha=0,1}\sum_{j=1}^{n} \frac{e_j}{m_j} C_{LM}^{(\alpha)*} \int \mathrm{d}\boldsymbol{x}\,\boldsymbol{\Psi}_{\mathrm{f}}^{*}\,\boldsymbol{A}_{LM}^{(\alpha)}(\boldsymbol{x}_j)\cdot\nabla_j\boldsymbol{\Psi}_{\mathrm{i}}. \tag{6.79}$$

可以将表式

$$\frac{(2\pi)^4}{\sqrt{2\omega}} \sum_{j=1}^{n} \frac{e_j}{m_j} \int \mathrm{d}\boldsymbol{x}\,\boldsymbol{\Psi}_{\mathrm{f}}^{*}\,\boldsymbol{A}_{LM}^{(\alpha)}(\boldsymbol{x}_j)\cdot\nabla_j\boldsymbol{\Psi}_{\mathrm{i}} \quad (\alpha = 0,1) \tag{6.80}$$

当做粒子系统放出磁多极辐射($\alpha=0$),或电多极辐射($\alpha=1$)的 S 矩阵元. 因此粒子系统放出平面波的 S 矩阵元可以表达为放出磁多极辐射和电多极辐射的 S 矩阵元的叠加.

现在我们讨论粒子系统放出各种电多极辐射或各种磁多极辐射的可能性. 如果粒子系统在始态中具有角动量 J_{i},角动量在第三轴方向的分量为 M_{i};粒子系统在终态中具有角动量 J_{f},角动量在第三轴方向的分量为 M_{f},那么在粒子系统旋转时,$\boldsymbol{\Psi}_{\mathrm{i}}$ 和 $\boldsymbol{\Psi}_{\mathrm{f}}$ 分别按照旋转群表示 $D_{J_{\mathrm{i}}}$ 的第 M_{i} 个基矢和表示 $D_{J_{\mathrm{f}}}$ 的第 M_{f} 个基矢的变换方式变换. 而表式 $\boldsymbol{A}_{LM}^{(\alpha)}(\boldsymbol{x})\cdot\nabla_j$ 则按照旋转群表示 D_L 的第 M 个基矢的变换方式变换. 与此相应,表式

$$\boldsymbol{\Psi}_{J_{\mathrm{f}}}^{M'}\boldsymbol{A}_{LM}^{(\alpha)}(\boldsymbol{x}_j)\cdot\nabla_j \quad (M' = J_{\mathrm{f}}, J_{\mathrm{f}}-1,\cdots,-J_{\mathrm{f}}, M = L, L-1,\cdots,-L) \tag{6.81}$$

按照乘积表示 $D_{J_{\mathrm{f}}}\times D_L$ 的基矢的变换方式变换. 其中 $\boldsymbol{\Psi}_{J_{\mathrm{f}}}^{M'}$ 是表示 $D_{J_{\mathrm{f}}}$ 的基矢,$\boldsymbol{\Psi}_{J_{\mathrm{f}}}^{M'}$ 就是粒子系统终态的波函数. (6.81)中表式的线性叠加形成一个矢量空间,它在旋转中不变,因此给出旋转群的一个表示;但是这个表示可能不等价于乘积表示 $D_L\times D_{J_{\mathrm{f}}}$,因为原来 D_L 和 $D_{J_{\mathrm{f}}}$ 中的基矢 $\boldsymbol{\Psi}_{J_{\mathrm{f}}}^{M'}$ 和 $\boldsymbol{A}_{LM}^{(\alpha)}(\boldsymbol{x}_j)\cdot\nabla_j$ 都是 $\boldsymbol{x}_j$ 的函数. 作为矢量空间中的基矢,(6.81)中的表式可能是线性相关的,但是关于由(6.81)生成的矢量空间所给出的表示,可以证明如下的定理:

定理 6.3.1　设 $\boldsymbol{u}_1,\boldsymbol{u}_2,\cdots,\boldsymbol{u}_m$ 生成一个空间 R_1；$\boldsymbol{v}_1,\boldsymbol{v}_2,\cdots\boldsymbol{v}_m$ 生成一个空间 R_2. 有一个群 g，它在空间 R_1 中有一个表示 $D^{(1)}$，在空间 R_2 中有一个表示 $D^{(2)}$. $\boldsymbol{u}_1,\boldsymbol{u}_2,\cdots\boldsymbol{u}_m$ 的变换方式和 $\boldsymbol{v}_1,\boldsymbol{v}_2,\cdots,\boldsymbol{v}_m$ 的变换方式完全相同，换句话说，设 a 为群 g 的任何一个元素，那么就有

$$\left.\begin{aligned} A_1\boldsymbol{u}_\mu &= \sum_\lambda \boldsymbol{u}_\lambda a_{\lambda\mu}, \\ A_2\boldsymbol{v}_\mu &= \sum_\lambda \boldsymbol{v}_\lambda a_{\lambda\mu}, \end{aligned}\right\} \tag{6.82}$$

其中 A_1 和 A_2 为空间 R_1 和 R_2 中和群元素 a 相应的线性变换；可是两个表示之间存在着如下的区别：$\boldsymbol{u}_1,\boldsymbol{u}_2,\cdots\boldsymbol{u}_m$ 是线性无关的，$\boldsymbol{v}_1,\boldsymbol{v}_2\cdots,\boldsymbol{v}_m$ 是线性相关的；可以证明，如果表示 $D^{(1)}$ 是完全可约的，即可以分解为如下的不可约表示之和

$$D^{(1)} = D_1 + D_2 + \cdots + D_k, \tag{6.83}$$

那么表示 $D^{(2)}$ 也是完全可约的，它分解成的不可约表示是(6.83)式右方给出的不可约表示的一部分.

证明　我们在空间 R_1 和 R_2 的矢量之间建立如下的对应关系：和空间 R_1 中任何一个矢量

$$\boldsymbol{u} = \sum_\lambda c_\lambda \boldsymbol{u}_\lambda \tag{6.84}$$

相应，我们令空间 R_2 中的矢量

$$\boldsymbol{v} = \sum_\lambda c_\lambda \boldsymbol{v}_\lambda \tag{6.85}$$

与之相对应. 那么显然，两个矢量空间中矢量的加法也存在着对应的关系. 换句话说：设 $\boldsymbol{v}^{(1)}$ 和 $\boldsymbol{u}^{(1)}$ 相对应，$\boldsymbol{v}^{(2)}$ 和 $\boldsymbol{u}^{(2)}$ 相对应，那么 $\boldsymbol{v}^{(1)}+\boldsymbol{v}^{(2)}$ 就和 $\boldsymbol{u}^{(1)}+\boldsymbol{u}^{(2)}$ 相对应. 因此将矢量空间作为阿贝尔群，空间 R_2 是空间 R_1 的同态映像，R_2 不可能同构于 R_1，因为空间 R_2 的维数小于 R_1. 但是 R_2 同构于 R_1 中的一个商空间. 令 R_1 中的子空间 γ 相应于空间 R_2 中的零矢量，那么 R_2 就同构于商空间 R_1/γ.

从(6.82)和(6.84)，(6.85)式可以看出，如果 $\boldsymbol{v}$ 和 $\boldsymbol{u}$ 对应，那么 $A_2\boldsymbol{v}$ 也和 $A_1\boldsymbol{u}$ 相对应. 由于空间 R_2 中的零矢量对于群 g 说来是一个不变的子空间，因此 γ 对于群 g 说来是空间 R_1 中的一个不变子空间. 由于表示 $D^{(1)}$ 是完全可约的，可以将空间 R_1 分解为

$$R_1 = \gamma + R, \tag{6.86}$$

其中 R 对群 g 说来也是一个不变子空间，它同构于商空间R_1/γ，因此也同构于空间 R_2. γ 和 R 分别给出(6.83)式右方的不可约表示的一部分，二者合起来给出(6.83)式右方的全部不可约表示. 由于 R_2 同构于 R，R_2 给出的表示等价于 R 给出的表示，因此 R_2 只给出了(6.83)式右方的不可约表示中的一部分.

粒子系统的各种状态给出一套完全的、正交的归一化的波函数

$$\Psi_{NJM}, \tag{6.87}$$

其中 J 代表角动量，M 代表角动量在第三轴方向的分量，N 代表粒子系统的其它量子数，函数

$$\frac{(2\pi)^4}{\sqrt{2\omega}}\sum_{J=1}^{N}\frac{e_j}{m_j}\Psi_f \boldsymbol{A}_{LM}^{(a)}(\boldsymbol{x}_i)\cdot\nabla_j \tag{6.88}$$

可以展开成为(6.87)中表式的叠加，而表式(6.80)就是在这个展开中所包含的 Ψ_i 项前的系数的复共轭. 因此粒子系统放出磁多极辐射或电多极辐射的几率依赖于相应展开中 Ψ_i 项前的系数. 关于展开式中的系数，我们有如下的定理：

定理 6.3.2 设

$$\varphi_1^{(1)},\varphi_1^{(2)},\cdots,\varphi_1^{(h_1)};\varphi_2^{(1)},\varphi_2^{(2)},\cdots\varphi_2^{(h_2)};\cdots \tag{6.89}$$

是一套完全的、正交的函数，g 是一个群，在(6.89)中的每一组函数

$$\varphi_\lambda^{(1)},\varphi_\lambda^{(2)},\cdots,\varphi_\lambda^{(h_\lambda)} \tag{6.90}$$

给出群 g 的一个不可约表示 $D^{(\lambda)}$. 如果

$$\psi^{(1)},\psi^{(2)},\cdots,\psi^{(h)} \tag{6.91}$$

是一组函数，它给出群 g 的一个完全可约的表示 D，那么在将(6.91)中的函数展开成为(6.89)中的函数的叠加时，只有在不可约表示 $D^{(\lambda)}$ 被包含在表示 D 中时，$D_\lambda^{(\nu)}$ $(\nu=1,2,\cdots,h_\lambda)$才可能在展开中出现.

证明 考虑(6.91)中函数的任何叠加

$$\psi=\sum_\nu a_\nu\psi^{(\nu)}, \tag{6.92}$$

它给出表示 D 的空间 R 中的一个矢量. 可以将(6.92)式展开成为如下的叠加：

$$\psi=\sum_{\nu=1}^{h_1}a_{1\nu}\varphi_1^{(\nu)}+\sum_{\nu=1}^{h_2}a_{2\nu}\varphi_2^{(\nu)}+\cdots=\omega_1+\omega_2+\cdots. \tag{6.93}$$

我们令 $\gamma^{(\lambda)}$ 代表由(6.93)式中的函数叠加所形成的空间，亦即给出表示 $D^{(\lambda)}$

的空间,那么 $\omega_1,\omega_2,\cdots$ 分别为空间 $\gamma^{(1)},\gamma^{(2)},\cdots$ 中的矢量.因此和空间 R 中的任何一个矢量 ψ 相应,空间 $\gamma^{(\lambda)}$ 中有一个矢量 ω_λ.而且若 ω_λ 和 ω_λ' 分别和 ψ 和 ψ' 相应,那么 $\omega_\lambda+\omega_\lambda'$ 就和 $\psi+\psi'$ 相应.设 t 为群 g 的任何一个元素,T 为相应的线性变换算符,那么必须有

$$T\psi = \sum_{\nu=1}^{h_1} a_{1\nu} T\varphi_1^{(\nu)} + \sum_{\nu=1}^{h_2} a_{2\nu} T\varphi_2^{(\nu)} + \cdots = T\omega_1 + T\omega_2 + \cdots, \quad (6.94)$$

因此空间 $\gamma^{(\lambda)}$ 中的矢量 $T\omega_\lambda$ 相应于空间 R 中的矢量 $T\psi$.所有的矢量 ω_λ 形成空间 $\gamma^{(\lambda)}$ 中的一个子空间,而且是对于群 g 不变的子空间.由于空间 $\gamma^{(\lambda)}$ 是不可约的,因此 ω_λ 只能是零矢量或等同于空间 $\gamma^{(\lambda)}$.如果 ω_λ 不是零矢量而是等同于空间 $\gamma^{(\lambda)}$,那么从以上的讨论可以看出,$\gamma^{(\lambda)}$ 是空间 R 的同态映像,同构于 R 的一个商空间.根据定理 6.3.1 可知表示 $D^{(\lambda)}$ 一定被包含在表示 D 之中.

因此如果以表式(6.81)为基矢的空间中所给出旋转群的表示中不包含表示 D_{J_i},那么积分(6.80)必须等于零,根据定理 6.3.1,以(6.81)为基矢的空间所给出的表示只包含乘积表示

$$D_{J_f} \times D_L = D_{J_f+L} + D_{J_f+L-1} + \cdots + D_{|J_f-L|} \quad (6.95)$$

中所包含的不可约表示的一部分.因此只有当

$$|J_i - J_f| \leqslant L \leqslant J_i + J_f \quad (6.96)$$

时,跃迁几率才不等于零.(6.96)式所提出的要求正是角动量守恒定律所提出的要求.

在实际上经常所讨论的问题中,光子的波长常常远大于粒子系统的半径.以氢原子为例,氢原子的结合能的数量级是

$$\sim \frac{e^2}{2a_0}, \quad (6.97)$$

其中 a_0 为氢原子的半径.因此氢原子放出的光的能量不会超过(6.97)中的能量.即使放出的光子的能量大如(6.97),光子的波长也将达

$$\lambda = \frac{\hbar c}{\dfrac{e^2}{2a_0}} = \frac{2\hbar c}{e^2} a_0 = 274 a_0, \quad (6.98)$$

比氢原子半径大 274 倍.以原子核为例:原子核的半径的数量级是 10^{-13} cm,如果它放出 1 MeV 能量的光子,那么相应光子的波长约达 2×10^{-11} cm,比原子核的半径大了差不多一百倍.在积分(6.80)中,由于原子核的波函数 Ψ_i 和 Ψ_f 只在原子核的大小的区域内才显著地不等于零,因此积分的主要贡献来

自这个区域. 在这个区域之内 $\omega\lambda_j \ll 1$,因此可以将 $\boldsymbol{A}_{LM}^{(\alpha)}(\boldsymbol{x}_j)$ 中的因子 $g_L(\omega r_j)$ 展开为 ωr_j 的级数,只取其第一项而略去高次项,这样的近似引进的误差是很小的,但是可以大大简化计算工作. 利用贝塞尔函数的展开式,我们有

$$g_L(\omega r) \cong \frac{(2\pi)^{3/2}\mathrm{i}^L}{(L+1/2)!}\left(\frac{\omega r}{2}\right)^L, \tag{6.99}$$

由于在积分领域中 $\omega r \ll 1$,因此 L 愈大,积分的几率愈小. 因此虽然在理论上,只要 L 满足条件(6.96),那么粒子系统就能放出角动量等于 L 的光子,亦即 2^L 极的电磁辐射,但是放出的光子的角动量大都等于 $|J_{\mathrm{i}}-J_{\mathrm{f}}|$,放出更高角动量的光子的几率很少.

如果粒子系统的运动规律对于空间反射具有不变性,那么宇称就是很好的量子数. 用类似于以上的讨论,可以证明,粒子系统终态的宇称乘光子的宇称必须等于粒子系统始态的宇称. 这样,我们得到如下的选择定则:

如果粒子始态和终态的宇称的乘积是 $(-1)^{|J_{\mathrm{i}}-J_{\mathrm{f}}|}$,那么放出的光子应该主要是电 $2^{|J_{\mathrm{i}}-J_{\mathrm{f}}|}$ 极辐射;如果粒子始态和终态的宇称的乘积是 $(-1)^{|J_{\mathrm{i}}-J_{\mathrm{f}}|+1}$,那么放出的光子应该主要是磁 $2^{|J_{\mathrm{i}}-J_{\mathrm{f}}|}$ 极辐射.

在 $J_{\mathrm{i}}=J_{\mathrm{f}}$ 时,由于光子的角动量至少等于 1,当然不可能放 2^0 极辐射. 在这种情况下,大都将放出二极辐射. 设 $J_{\mathrm{i}}=J_{\mathrm{f}}\neq 0$,而粒子系统的始态和终态具有相反的宇称,那么主要将放出电二极辐射. 设 $J_{\mathrm{i}}=J_{\mathrm{f}}\neq 0$,而粒子系统的始态和终态具有相同的宇称,那么主要将放出磁二极辐射. 如果 $J_{\mathrm{i}}=J_{\mathrm{f}}=0$,那么放出一个光子的过程是严格不可能的.

用类似上述的讨论方法可以得到 β 衰变中的选择定则.

§6.4 微扰和能级中的状态

在§6.1 已经指出,如果物理系统的运动规律对于一个群 g 中的变换具有不变性,那么每一个能级中的状态形成一个矢量空间,给出群 g 的一个表示. 如果这个表示是不可约的,那么我们称能级的简并是正常的;如果这个表示是可约的,可以分解为若干不可约表示之和,那么我们称这个能级的简并带有偶然性. 我们考虑如下的情况:哈密顿量可以分成两项:

$$H = H_0 + \lambda V, \tag{6.100}$$

其中 H_0 是主要项,λV 是微扰项. λ 是一个参数,它的大小决定微扰的强度,在 $\lambda \to 0$ 时,微扰便趋于消失. 设

$$\psi_1^\lambda, \psi_2^\lambda, \cdots, \psi_n^\lambda \tag{6.101}$$

是一组定态的波函数，当 $\lambda \to 0$ 时，它们趋于一条正常简并的能级的一套相互正交的波函数

$$\psi_1, \psi_2, \cdots, \psi_n, \tag{6.102}$$

给出群 g 的一个不可约表示 D_0，那么可以证明(6.101)中的状态也属于同一条能级，给出群 g 的同一个不可约表示 D_0. 证明如下：假使(6.101)中的状态已经分裂为二条或更多条的能级，那么(6.101)中的波函数也相应地分为两组或更多的组，各组分别给出不同于 D_0 的群 g 的表示. 但是，在 λ 连续地改变时，波函数的改变是连续的，从一个表示到另一个不等价的表示的改变却是不连续的、突然的. 波函数的连续的改变不可能导致它所给出的表示的不连续的和突然的变化. 因此假设不成立，这就证明了(6.101)中的状态属于同一条能级，给出群 g 的表示 D_0.

这也就证明，对于群 g 具有不变性的微扰不可能分裂一条对于群 g 说来是正常简并的能级. 当然，如果能级的简并本来带有偶然性，那么在微扰的作用下，能级就可能分裂. 但是分裂出的能级的数目不会超过原来带有偶然性的简并的能级中所包含的群 g 的不可约表示的个数. 能级分裂后所给出的群 g 的表示仍旧和原来没有分裂的能级所给出的群 g 的表示等价.

§6.5 反应中放出的粒子的角分布

我们考虑如下的反应：

$$P + A \to B + Q, \tag{6.103}$$

粒子 P 和原子核 A 碰撞将转化为粒子 Q 和原子核 B. 我们选择在质心系统中进行讨论，令 A 和 P 的相对动量为 $\boldsymbol{k}_{\mathrm{i}}$，那么始态的波函数可以写成如下的形式：

$$\Psi_{\mathrm{i}} = \chi_A^{m_A} \chi_P^{m_P} \mathrm{e}^{\mathrm{i}\boldsymbol{k}_{\mathrm{i}} \cdot \boldsymbol{x}_{AP}}, \tag{6.104}$$

其中 $\boldsymbol{x}_{AP}$ 代表从 A 到 P 的矢量；$\chi_A^{m_A}$ 代表原子核 A 的内部运动的波函数，如果原子核具有自旋 S_A，在(6.104)式所代表的状态中它的自旋在第三轴方向的分量是 m_A；$\chi_P^{m_P}$ 是粒子 P 的内部运动的波函数. 如果粒子 P 具有自旋 S_P，在(6.104)所代表的状态中它的自旋在第三轴方向的分量是 m_P. 可以将(6.104)式展开成为球面波的叠加：

$$\Psi_{\mathrm{i}} = \sum_{L,M} \chi_A^{m_A} \chi_P^{m_P} g_L(k_{\mathrm{i}} r_{AP}) \mathrm{Y}_L^M(\theta_P, \phi_P) \mathrm{Y}_L^{M^*}(\theta_{k_{\mathrm{i}}}, \phi_{k_{\mathrm{i}}}), \tag{6.105}$$

其中各项代表各种不同的轨道角动量的状态；r_{AP} 为 $\boldsymbol{x}_{AP}$ 的径，θ_P，ϕ_P 为 $\boldsymbol{x}_{AP}$ 的方向角，k_i 为 $\boldsymbol{k}_i$ 的径，θ_{k_i}，ϕ_{k_i} 为 $\boldsymbol{k}_i$ 的方向角，$Y_L^{M^*}(\theta_{k_i},\phi_{k_i})$ 则决定各种不同轨道角动量状态的比重. 由于核子力是短力程的，随着粒子和原子核 A 碰撞时的瞄准距离增大，相互作用很快地减弱. 因此轨道角动量超过某一数值，实际上已经不存在相互作用，不会导致任何反应或散射的过程. 在反应中起作用的只有有限的几个角动量状态. 为了说明问题的实质，避免不影响到问题实质的复杂讨论，我们假定反应过程主要决定于轨道角动量等于 L 的状态. 因此我们要考虑始态(6.105)中如下一部分波函数：

$$\chi_A^{m_A}\chi_P^{m_P}g_L(k_i r_{AP})Y_L^M(\theta_P,\phi_P) \tag{6.106}$$

对于碰撞的贡献. 在 r_{AP} 很大时，利用贝塞尔函数的渐近展开式，可以将上式近似地写做

$$4\pi i^{L+2}\frac{1}{k_i r_{AP}}\sin\left(k_i r_{AP}-\frac{1}{2}\pi\right)\chi_A^{m_A}\chi_P^{m_P}Y_L^M(\theta_P,\phi_P), \tag{6.107}$$

显然，它是球面驻波的表式. 我们令

$$\frac{1}{k_f r_{BQ}}e^{ik_f r_{BQ}}\sum_{m_B,m_Q}\chi_B^{m_B}\chi_Q^{m_Q}f_{m_B m_Q}^{m_A m_P M}(\theta_Q,\phi_Q) \tag{6.108}$$

代表由始态(6.106)式导致的终态波函数在 B 和 Q 之间距离很大时的渐近表式，其中 $\chi_B^{m_B}$ 和 $\chi_Q^{m_Q}$ 分别代表 B 和 Q 的内部运动波函数，它们的自旋分别为 S_B 和 S_Q，它们的自旋在第三轴方向的分量分别是 m_B 和 m_Q，k_f 代表 B 和 Q 之间的相对动量的数值，θ_Q，ϕ_Q 为方向角，其余的符号的意义是不需解释就可以理解的. 如果我们选择第三轴的方向和 $\boldsymbol{k}_i$ 的方向重合，那么显然有 $\theta_{k_i}=0$，$\phi_{k_i}=0$，因此

$$Y_L^{M^*}(\theta_{k_i},\phi_{k_i})=0 \quad (M\neq 0). \tag{6.109}$$

因此叠加(6.105)中只有 $M=0$ 的项，反应的微分截面就应该等于

$$d\sigma = G d\Omega_Q\sum_{m_B,m_Q}\left|f_{m_B m_Q}^{m_A m_P 0}(\theta_Q,\phi_Q)\right|^2, \tag{6.110}$$

其中 G 是和角 θ_Q，ϕ_Q，自旋在第三轴方向的分量 m_A，m_P，m_B，m_Q 都无关的常数，对角分布没有影响. 假使始态中的粒子 A 和 P 是非极化的，那么平均微分截面就应该是

$$\overline{d\sigma}=\frac{G}{(2S_A+1)(2S_P+1)}d\Omega_Q\sum_{\substack{m_A,m_P,\\ m_B,m_Q}}\left|f_{m_B m_Q}^{m_A m_P 0}(\theta_Q,\phi_Q)\right|^2, \tag{6.111}$$

上式中的 $d\Omega_Q$ 代表放出的粒子 Q 的运动方向所张的立体角元.

现在我们讨论运动规律对于旋转的不变性对反应中产生的粒子的角分布的影响.我们令整个物理系统作一个旋转 g,那么始态波函数就变为

$$\sum_{m'_A,m'_P,M'} x_A^{m'_A} x_P^{m'_P} g_L(k_i r_{AP}) Y_L^{M'}(\theta_P,\phi_P) D^{S_A}_{m'_A m_A} D^{S_P}_{m'_P m_P} D^L_{M'M}, \tag{6.112}$$

其中 $D^{S_A}_{m'_A m_A}$,$D^{S_P}_{m'_P m_P}$ 和 $D^L_{M'M}$ 分别为旋转群的不可约表示 D_{S_A},D_{S_P},D_L 和旋转 g 相应的矩阵元.由于物理规律对于旋转的不变性,和(6.112)式相应的终态波函数应该是

$$\frac{1}{k_f r_{BQ}} e^{ik_f r_{BQ}} \sum_{m_B,m_Q} \sum_{m'_B,m'_Q} \chi_B^{m'_B} \chi_Q^{m'_Q} f^{m'_A m_P M}_{m'_B m'_Q}(\theta'_Q,\phi'_Q) D^{S_B}_{m'_B m_B} D^{S_Q}_{m'_Q m_Q}, \tag{6.113}$$

其中(θ'_Q,ϕ'_Q)是由(θ_Q,ϕ_Q)表示的方向在旋转之后所取的方向的角度.另一方面,由于薛定谔方程是线性方程,因此由始态(6.112)式所导致的终态应该具有如下的形式:

$$\frac{1}{k_f r_{BQ}} e^{ik_f r_{BQ}} \sum_{m'_A,m'_P,M'} D^{S_A}_{m'_A m_A} D^{S_P}_{m'_P m_P} D^L_{M'M} \sum_{m'_B,m'_Q} \chi_B^{m'_B} \chi_Q^{m'_Q} f^{m'_A m'_P M'}_{m'_B m'_Q}(\theta_Q,\phi_Q). \tag{6.114}$$

比较表式(6.113)和(6.114)就得到

$$\begin{aligned}&\sum_{m_B,m_Q} D^{S_B}_{m'_B m_B} D^{S_Q}_{m'_Q m_Q} f^{m_A m_P M}_{m_B m_Q}(\theta'_Q,\phi'_Q)\\ &= \sum_{m'_A,m'_P,M'} D^{S_A}_{m'_A m_A} D^{S_P}_{m'_P m_P} D^L_{M'M} f^{m'_A m'_P M'}_{m'_B m'_Q}(\theta_Q,\phi_Q).\end{aligned} \tag{6.115}$$

利用表示 D_J 的幺正性:

$$\sum_{m'} D^J_{m'm} D^{J^*}_{m'm''} = \delta_{mm''}, \tag{6.116}$$

就可以从(6.115)式得到

$$f^{m_A m_P M}_{m_B m_Q}(\theta'_Q,\phi'_Q) = \sum_{\substack{m'_A,m'_P,\\ M',m'_B,m'_Q}} f^{m'_A m'_P M'}_{m'_B m'_Q}(\theta_Q,\phi_Q) D^{S_A}_{m'_A m_A} D^{S_P}_{m'_P m_P} D^L_{M'M} D^{S_B^*}_{m'_B m_B} D^{S_Q}_{m'_Q m_Q}. \tag{6.117}$$

由此可以看出,表式 $f^{m_A m_P M}_{m_B m_Q}$ 在旋转中按照乘积表示

$$D_{S_A} \times D_{S_P} \times D_L \times \widetilde{D}_{S_B} \times \widetilde{D}_{S_Q} \tag{6.118}$$

变换.

为了讨论(6.111)式所给出的反应中产生的粒子的角分布,我们讨论表式

$$I^{MM'}(\theta,\phi)=\sum_{\substack{m_A,m_P,\\ m_B,m_Q}}\left[f_{m_Bm_Q}^{m_Am_PM}(\theta,\phi)\right]^* f_{m_Bm_Q}^{m_Am_PM'}(\theta,\phi) \tag{6.119}$$

在旋转中的变换方式. 利用(6.116)和(6.117)式,可以得到(6.119)式在旋转之后所变换成的表式

$$\begin{aligned}I^{MM'}(\theta',\phi')=&\sum_{\substack{m_A,m_P,\\ m_B,m_Q}}\sum_{\substack{m''_A,m''_P,\\ m''_B,m''_Q,M''}}\sum_{\substack{m'''_A,m'''_P,\\ m'''_B,m'''_Q,M'''}}\left[f_{m''_Bm''_Q}^{m''_Am''_PM''}(\theta,\phi)\right]^* f_{m''_Bm''_Q}^{m'''_Am'''_PM'''}(\theta,\phi)\\ &\times D_{m''_Am_A}^{S_A\,*}D_{m''_Pm_P}^{S_P\,*}D_{M''M}^{L\,*}D_{m''_Bm_B}^{S_b}D_{m''_Qm_Q}^{S_Q}D_{m'''_Am_A}^{S_A}D_{m'''_Pm_P}^{S_P}D_{M'''M'}^{L}D_{m'''_Bm_B}^{S_B\,*}D_{m'''_Qm_Q}^{S_Q\,*}\\ =&\sum_{M''M'''}D_{M''M}^{L\,*}D_{M'''M'}^{L}I^{M''M'''}(\theta,\phi),\end{aligned} \tag{6.120}$$

这就说明,表式 $I^{MM'}(\theta,\phi)$按照乘积表示

$$D_L\times\widetilde{D}_L \tag{6.121}$$

变换. 从(6.111)式可以看出,平均微分截面正比于 $I^{00}(\theta_Q,\phi_Q)$. 在$M=0,M'=0$的特殊情况下,(6.120)式成为

$$I^{00}(\theta'_Q,\phi'_Q)=\sum_{M,M'}D_{M0}^{L\,*}D_{M'0}^{L}I^{MM'}(\theta_Q,\phi_Q). \tag{6.122}$$

我们考虑一个物理系统绕第三轴转一个角度 α,那么就有

$$\theta'_Q=\theta_Q,\quad \phi'_Q=\phi_Q-\alpha, \tag{6.123}$$

在这种情况之下,我们有

$$D_{M0}^{L}=\delta_{M0}, \tag{6.124}$$

因此得

$$I^{00}(\theta_Q,\phi_Q-\alpha)=I^{00}(\theta_Q,\phi_Q). \tag{6.125}$$

这就是说,角分布和 ϕ_Q 无关,这在物理上看来是显然的,因为并没有测量反应中粒子的极化,整个系统对于绕 $\boldsymbol{k}_{\rm i}$ 的旋转完全对称.

假使我们令旋转是绕第二轴旋转一个角度 θ,那么在 $\theta_Q=0,\phi_Q=0$时,相应有

$$\theta'_Q=\theta,\quad \phi'_Q=\pi, \tag{6.126}$$

因此有

$$I^{00}(\theta,\pi)=\sum_{M,M'}D_{M0}^{L\,*}(0,\theta,0)D_{M'0}^{L}(0,\theta,0)I^{MM'}(0,0), \tag{6.127}$$

其中 $I^{MM'}(0,0)$为不依赖于 θ 的数. 考虑到

$$D_{M0}^{L}(0,\theta,0)=\sqrt{\frac{4\pi}{2L+1}}Y_L^{M\,*}(\theta,0), \tag{6.128}$$

我们有

$$I^{00}(\theta,\pi)=\frac{4\pi}{2L+1}\sum_{M,M'}Y_L^{M'*}(\theta,0)Y_L^{M}(\theta,0)I^{MM'}(0,0).\tag{6.129}$$

可以将上式进一步简化,考虑到公式

$$D^{J_1}_{M_1M_1'}(\varphi,\theta,\psi)D^{J_2}_{M_1M_2'}(\varphi,\theta,\psi)=\sum_J\langle J_1J_2M_1M_2\mid J,M=M_1+M_2\rangle D^J_{MM'}(\varphi,\theta,\psi)$$
$$\times\langle J,M'=M_1'+M_2'\mid J_1J_2M_1'M_2'\rangle\tag{6.130}$$

以及公式

$$D^{L^*}_{M0}(0,\theta,0)=(-1)^MD^L_{-M0}(0,\theta,0),\tag{6.131}$$

我们有

$$\begin{aligned}&D^{L^*}_{M0}(0,\theta,0)D^L_{M'0}(0,\theta,0)\\&=(-1)^MD^L_{-M0}(0,\theta,0)D^L_{M'0}(0,\theta,0)\\&=(-1)^M\sum_{J=0}^{2L}\langle LL,-MM'\mid J,M'-M\rangle D^J_{M'-M,0}(0,\theta,0)\langle J0\mid LL00\rangle\\&=(-1)^M\sum_{J=0}^{2L}\langle LL,-MM'\mid J,M'-M\rangle\langle J0\mid LL00\rangle\sqrt{\frac{4\pi}{2J+1}}Y_J^{M'-M\,*}(\theta,0)\\&=(-1)^{M'}\sum_{J=0}^{2L}\sqrt{\frac{4\pi}{2J+1}}\langle LL,-MM'\mid J,M'-M\rangle\langle J0\mid LL00\rangle Y_J^{M-M'}(\theta,0).\end{aligned}\tag{6.132}$$

将上式代入(6.127)式,就得

$$I^{00}(\theta,\pi)=\sum_{J=0}^{2L}\sum_{M,M'}(-1)^{M'}\sqrt{\frac{4\pi}{2J+1}}I^{MM'}(0,0)$$
$$\times\langle LL,-MM'\mid J,M'-M\rangle\langle J0\mid LL00\rangle Y_J^{M-M'}(\theta,0).\tag{6.133}$$

上式决定了角分布的具体形式,从(6.133)式可以看出角分布的两个特点:

(1) 假使在始态中只有轨道角动量等于 L 的态起作用,那么将反应所产生的粒子的角分布展开成为球谐函数的叠加时,出现的球谐函数的最高阶不超过 $2L$. 一般地说来,可以看出,如果在反应中始态中起作用的最高轨道角动量是 J,那么将角分布展开为球谐函数的叠加时,出现的球谐函数的最高阶不超过 $2J$.

(2) 考虑到(从克莱布施-戈登系数的特性可以推出)

$$\langle L_1 L_2 00 \mid L0 \rangle = 0 \quad (\text{当 } L_1 + L_2 + L = \text{奇数}), \tag{6.134}$$

可见在(6.133)式所表示的角分布中只出现偶阶的球谐函数,这个特点只有在始态中仅有一个轨道角动量起作用时才存在.如果在始态中不只有一个轨道角动量态起作用,那么由于不同轨道角动量态的干涉,在角分布中就可能出现奇阶的球谐函数项.

第七章　洛伦兹群及其表示

§7.1　洛伦兹群

我们称使表式

$$x_1^2 + x_2^2 + x_3^2 - x_0^2 \tag{7.1}$$

保持不变的齐次实线性变换

$$x'_\mu = \sum_{\nu=1}^{3} a_{\mu\nu} x_\nu \quad (\mu = 0,1,2,3) \tag{7.2}$$

为洛伦兹变换.将(7.2)式代入(7.1)式就得到 $a_{\mu\nu}$ 所必须满足的条件

$$\sum_{\rho,\sigma} a_{\rho\mu} g_{\rho\sigma} \alpha_{\sigma\nu} = g_{\mu\nu} \quad (\mu,\nu = 0,1,2,3), \tag{7.3}$$

其中当 $\mu \neq \nu$ 时,$g_{\mu\nu}=0$;

$$g_{00} = -1, \quad g_{11} = g_{22} = g_{33} = 1. \tag{7.4}$$

设以 $\boldsymbol{A}$ 代表具有矩阵元 $a_{\mu\nu}$ 的矩阵,$\boldsymbol{G}$ 代表具有矩阵元 $g_{\mu\nu}$ 的矩阵,那么可以将条件(7.3)式写做

$$\widetilde{\boldsymbol{A}}\boldsymbol{G}\boldsymbol{A} = \boldsymbol{G}. \tag{7.5}$$

从(7.5)式可得

$$(\det \boldsymbol{A})^2 = 1, \tag{7.6}$$

由此可知满足(7.3)式的变换(7.2)式是非奇异的.以 $\boldsymbol{A}^{-1}$ 代表 $\boldsymbol{A}$ 的逆矩阵,则从(7.5)式可得

$$\widetilde{\boldsymbol{A}^{-1}}\boldsymbol{G}\boldsymbol{A}^{-1} = \boldsymbol{G}, \tag{7.7}$$

这就说明了逆变换 $\boldsymbol{A}^{-1}$ 也是一个洛伦兹变换.因此所有的洛伦兹变换形成一个群,称为全洛伦兹群.它的单位元素就是由四维单位矩阵所代表的变换.

此外,显然

$$\widetilde{\boldsymbol{G}}\boldsymbol{G}\boldsymbol{G} = \boldsymbol{G}, \tag{7.8}$$

因此 $\boldsymbol{G}$ 也代表一个洛伦兹变换.从(7.5)式可得

$$\widetilde{\boldsymbol{A}} = \boldsymbol{G}\boldsymbol{A}^{-1}\boldsymbol{G}^{-1}, \tag{7.9}$$

因此 $\widetilde{\boldsymbol{A}}$ 也代表一个洛伦兹变换. 可以将矩阵元 $a_{\mu\nu}$ 当做标志群元素的参数，但是这十六个参数并不是独立的，它们必须满足条件(7.3)式. 由于条件(7.3)式对于指标 μ 和 ν 具有对称性，因此(7.3)式一共包括十个独立的条件，$a_{\mu\nu}$ 中有六个参数可以独立变化，因此洛伦兹群是一个参数群，它的群元素是由六个独立的参数所标志的.

在 $\mu=\nu=0$ 时，条件(7.3)可以写做

$$a_{10}^2+a_{20}^2+a_{30}^2-a_{00}^2=-1, \tag{7.10}$$

因此有 $a_{00}^2\geqslant 1$. 可以将洛伦兹变换分为二类：第一类变换中 $a_{00}\geqslant 1$；在另一类中 $a_{00}\leqslant -1$. 我们称满足条件

$$a_{00}\geqslant 1 \tag{7.11}$$

的洛伦兹变换为顺时洛伦兹变换. 可以证明，所有的顺时洛伦兹变换形成一个全洛伦兹群的子群，称为顺时洛伦兹群. 设

$$x_\mu''=\sum_\nu a_{\mu\nu}x_\nu', \quad x_\mu'=\sum_\nu b_{\mu\nu}x_\nu \tag{7.12}$$

是两个顺时洛伦兹变换，那么它们的乘积变换就是

$$\left.\begin{aligned} x_\mu'' &= \sum_\nu c_{\mu\nu}x_\nu, \\ c_{\mu\nu} &= \sum_\rho a_{\mu\nu}b_{\rho\nu}. \end{aligned}\right\} \tag{7.13}$$

考虑到

$$(a_{01}b_{10}+a_{02}b_{20}+a_{03}b_{30})^2\leqslant(a_{01}^2+a_{02}^2+a_{03}^2)(b_{10}^2+b_{20}^2+b_{30}^2), \tag{7.14}$$

又考虑到(7.10)式以及 $\widetilde{\boldsymbol{A}}$ 也是一个洛伦兹变换，有

$$a_{01}^2+a_{02}^2+a_{03}^2<a_{00}^2, \quad b_{10}^2+b_{20}^2+b_{30}^2<b_{00}^2,$$

因此得

$$|a_{01}b_{10}+a_{02}b_{20}+a_{03}b_{30}|<a_{00}b_{00}. \tag{7.15}$$

从(7.15)式可以得

$$c_{00}=a_{00}b_{00}+a_{01}b_{10}+a_{02}b_{20}+a_{03}b_{30}>0, \tag{7.16}$$

再考虑到(7.10)式，就必须有

$$c_{00}\geqslant 1. \tag{7.17}$$

这说明，两个顺时洛伦兹变换的乘积仍旧是一个顺时洛伦兹变换，全洛伦兹群的单位元素显然也是顺时洛伦兹变换. 从(7.16)式还可以看出，如果 $\boldsymbol{A}$ 是顺时洛伦兹变换，$\boldsymbol{B}$ 不是顺时洛伦兹变换，亦即

$$a_{00} \geqslant 1, \quad b_{00} \leqslant -1, \tag{7.18}$$

那么它们的乘积变换 $\boldsymbol{C}$ 一定也不是顺时洛伦兹变换，亦即

$$c_{00} \leqslant 1. \tag{7.19}$$

考虑到

$$\boldsymbol{A}\boldsymbol{A}^{-1} = \boldsymbol{I}, \tag{7.20}$$

因此如果 $\boldsymbol{A}$ 是顺时洛伦兹变换，那么它的逆变换也一定是顺时洛伦兹变换. 这就证明了所有顺时洛伦兹变换形成一个群.

根据(7.6)式又可以将顺时洛伦兹变换分为两类：在一类中 $\det \boldsymbol{A}=1$；在另一类中 $\det \boldsymbol{A}=-1$. 我们称满足条件

$$\det \boldsymbol{A} = 1 \tag{7.21}$$

的顺时洛伦兹变换为正洛伦兹变换. 显然，所有的正洛伦兹变换形成顺时洛伦兹群的一个子群，称为正洛伦兹群.

我们将 x_1, x_2, x_3 理解为空间坐标，x_0 理解为时间坐标，不难看出，顺时洛伦兹变换不会改变 x_0 的符号. 更具体地说，如果原来有

$$x_0 > r > 0, \quad r = \sqrt{x_1^2 + x_2^2 + x_3^2}, \tag{7.22}$$

在顺时洛伦兹变换以后有

$$x_0' = a_{00}x_0 + a_{01}x_1 + a_{02}x_2 + a_{03}x_3 > 0. \tag{7.23}$$

(7.23)式的证明是显然的，因为如果令

$$a = \sqrt{a_{01}^2 + a_{02}^2 + a_{03}^2}, \tag{7.24}$$

那么根据(7.10)式，一方面显然有

$$a_{00} > a, \tag{7.25}$$

另一方面又有

$$|a_{01}x_1 + a_{02}x_2 + a_{03}x_3| \leqslant ar. \tag{7.26}$$

从(7.22)，(7.24)，(7.25)和(7.26)式立刻可以得到(7.23)式. 因此顺时洛伦兹变换不可能将过去变为将来，也不会将将来变为过去；顺时洛伦兹群不包含时间反演的变换. 与此相似，可以证明，正洛伦兹群既不包含时间反演变换，也不包含空间反射变换.

§ 7.2 正洛伦兹群的无穷小变换

我们以符号 L_1 代表正洛伦兹群，由于群 L_1 是连续参数群，我们先寻求

它的无穷小变换及其对易关系，以便于寻求群 L_1 的所有可微分的有限维的不可约表示. 在上节中已经证明，正洛伦兹群的元素可以由六个相互独立的参数来标志. 为了确定无穷小变换，首先得选定相应的参数. 从一个惯性坐标系到另一个惯性坐标系的正洛伦兹变换决定于：

(1) 两个坐标系的相对方向；

(2) 两个坐标系的相对速度.

因此一个正洛伦兹变换包括两个因素：一个因素是坐标的旋转，使第一个坐标的方向旋转到和第二个坐标相一致的方向，第二个因素是使第二个坐标系相对于第一个坐标系具有一定的速度. 由此我们选择

$$\alpha_1, \alpha_2, \alpha_3; v_1, v_2, v_3$$

作为标志群 L_1 的元素的参数，其中 $\alpha_1, \alpha_2, \alpha_3$ 标志将第一个坐标系旋转到和第二个坐标系的方向相一致的旋转；v_1, v_2, v_3 则是第二个坐标系相对于第一个坐标系的速度. 和以前一样，我们以符号 I_1, I_2, I_3 来分别标志相应于参数 $\alpha_1, \alpha_2, \alpha_3$ 的无穷小变换；此外以符号 K_1, K_2, K_3 分别标志和参数 v_1, v_2, v_3 相应的无穷小变换.

为了寻求无穷小变换的对易关系，我们应用熟知的四维闵可夫斯基向量的洛伦兹变换，

$$\begin{pmatrix} x'_0 \\ x'_1 \\ x'_2 \\ x'_3 \end{pmatrix} = \begin{pmatrix} a_{00} & a_{01} & a_{02} & a_{03} \\ a_{10} & a_{11} & a_{12} & a_{13} \\ a_{20} & a_{21} & a_{22} & a_{23} \\ a_{30} & a_{31} & a_{32} & a_{33} \end{pmatrix} \begin{pmatrix} x_0 \\ x_1 \\ x_2 \\ x_3 \end{pmatrix}. \tag{7.27}$$

寻求 I_1, I_2, I_3 的方法和讨论旋转群的无穷小表示时所应用的方法相似. 考虑(7.27)式中的表示是四维的，而不是二维的，同时考虑到在目前所讨论的旋转不是物理系统而是坐标系统，我们有

$$\left.\begin{aligned} I_1 &= \begin{pmatrix} 0 & 0 & 0 & 0 \\ 0 & 0 & 0 & 0 \\ 0 & 0 & 0 & 1 \\ 0 & 0 & -1 & 0 \end{pmatrix}, \quad I_2 = \begin{pmatrix} 0 & 0 & 0 & 0 \\ 0 & 0 & 0 & -1 \\ 0 & 0 & 0 & 0 \\ 0 & 1 & 0 & 0 \end{pmatrix}, \\ I_3 &= \begin{pmatrix} 0 & 0 & 0 & 0 \\ 0 & 0 & 1 & 0 \\ 0 & -1 & 0 & 0 \\ 0 & 0 & 0 & 0 \end{pmatrix}. \end{aligned}\right\} \tag{7.28}$$

和 $v_1=v, v_2=v_3=\alpha_1=\alpha_2=\alpha_3=0$，相应的变换矩阵是

$$A_1=\begin{pmatrix}\frac{1}{\sqrt{1-v^2}} & \frac{-v}{\sqrt{1-v^2}} & 0 & 0\\ \frac{-v}{\sqrt{1-v^2}} & \frac{1}{\sqrt{1-v^2}} & 0 & 0\\ 0 & 0 & 1 & 0\\ 0 & 0 & 0 & 1\end{pmatrix}. \tag{7.29}$$

将(7.29)式对 v 微分以后令 $v=0$，就可以得到 K_1，用相似的方法可以求得 K_2 和 K_3，这样就有

$$\left.\begin{aligned}&K_1=\begin{pmatrix}0 & -1 & 0 & 0\\ -1 & 0 & 0 & 0\\ 0 & 0 & 0 & 0\\ 0 & 0 & 0 & 0\end{pmatrix},\quad K_2=\begin{pmatrix}0 & 0 & -1 & 0\\ 0 & 0 & 0 & 0\\ -1 & 0 & 0 & 0\\ 0 & 0 & 0 & 0\end{pmatrix},\\ &K_3=\begin{pmatrix}0 & 0 & 0 & -1\\ 0 & 0 & 0 & 0\\ 0 & 0 & 0 & 0\\ -1 & 0 & 0 & 0\end{pmatrix}.\end{aligned}\right\} \tag{7.30}$$

从(7.28)和(7.30)式可以得到如下的对易关系：

$$\left.\begin{aligned}&[I_1,I_2]=-I_3,\ [I_2,I_3]=-I_1,\ [I_3,I_1]=-I_2,\\ &[K_1,K_2]=I_3,\ [K_2,K_3]=I_1,\ [K_3,K_1]=I_2,\\ &[I_1,K_1]=[I_2,K_2]=[I_3,K_3]=0,\\ &[I_1,K_2]=-K_3,\ [I_2,K_3]=-K_1,\ [I_3,K_1]=-K_2,\\ &[I_1,K_3]=K_2,\ [I_2,K_1]=K_3,\ [I_3,K_2]=K_1\end{aligned}\right\} \tag{7.31}$$

为了讨论方便，我们引进如下的算符

$$\left.\begin{aligned}&A_j=-\frac{1}{2}(I_j-\mathrm{i}K_j),\\ &B_j=-\frac{1}{2}(I_j+\mathrm{i}K_j)\quad (j=1,2,3),\end{aligned}\right\} \tag{7.32}$$

它们具有如下的简单的对易关系：

$$\left.\begin{aligned}&[A_1,A_2]=A_3,\quad [A_2,A_3]=A_1,\quad [A_3,A_1]=A_2,\\ &[B_1,B_2]=B_3,\quad [B_2,B_3]=B_1,\quad [B_3,B_1]=B_2,\\ &[A_i,B_j]=0\quad (i,j=1,2,3),\end{aligned}\right\} \tag{7.33}$$

$A_i(i=1,2,3)$之间的对易关系和旋转群的无穷小算符之间的对易关系完全一样，$B_i(j=1,2,3)$之间的对易关系也和旋转群的无穷小算符之间的对易关系完全一样；A_i 和 B_j 之间可以相互对易.

§7.3 正洛伦兹群 L_1 的有限维的不可约表示

由于对易关系(7.33)式和旋转群的无穷小算符之间的对易关系相像，可以运用寻求旋转群的不可约表示的方法来寻求正洛伦兹群的不可约表示. 为此我们引进算符

$$\left.\begin{aligned} &A_+ = \mathrm{i}(A_1 + \mathrm{i}A_2), \quad A_- = \mathrm{i}(A_1 - \mathrm{i}A_2), \quad A_0 = \mathrm{i}A_3, \\ &B_+ = \mathrm{i}(B_1 + \mathrm{i}B_2), \quad B_- = \mathrm{i}(B_1 - \mathrm{i}B_2), \quad B_0 = \mathrm{i}B_3, \end{aligned}\right\} \tag{7.34}$$

它们满足以下的对易关系：

$$\left.\begin{aligned} &[A_0, A_+] = A_+, && [B_0, B_+] = B_+, \\ &[A_0, A_-] = -A_-, && [B_0, B_-] = -B_-, \\ &[A_+, A_-] = 2A_0, && [B_+, B_-] = 2B_0, \\ &[A_i, B_j] = 0. \end{aligned}\right\} \tag{7.35}$$

设空间 R 给出群 L_1 的一个有限维的不可约表示. 设 A_0 在空间 R 中的最大本征值是 J，$\mathbf{V}_J$ 是一个相应的本征矢量，那么利用算符 A_- 连续作用在 $\mathbf{V}_J$ 上，经过归一化，可以得到一系列 A_0 的归一化的本征矢量

$$\mathbf{V}_M \quad (J \geqslant M \geqslant -J), \tag{7.36}$$

它们的相应本征值是 M，它们生成一个对于 $A_i(i=+,-,0)$不变的子空间. 此外，由于 $B_j(j=+,-,0)$和 A_i 可以对易，所有 A_0 的本征值等于 J 的矢量形成一个对于 B_j 不变的子空间，在这一个子空间中可以找到一系列矢量

$$\mathbf{V}_{JM'} \quad (J' \geqslant M' \geqslant -J'), \tag{7.37}$$

它们是算符 B_0 的本征矢量，相应的本征值是 M'. 利用 A_- 作用在(7.37)中的矢量上，我们可以得到一套$(2J+1)(2J'+1)$个矢量

$$\mathbf{V}_{MM'} \quad (J \geqslant M \geqslant -J, \quad J' \geqslant M' \geqslant -J'), \tag{7.38}$$

它们在归一化以后在 A_i 和 B_j 的作用下按如下方式变换：

$$\left.\begin{aligned} A_+ \mathbf{V}_{MM'} &= \sqrt{(J-M)(J+M+1)}\mathbf{V}_{M+1,M'}, \\ A_- \mathbf{V}_{MM'} &= \sqrt{(J+M)(J-M+1)}\mathbf{V}_{M-1,M'}, \\ A_0 \mathbf{V}_{MM'} &= M\mathbf{V}_{MM'}, \end{aligned}\right\} \tag{7.39a}$$

$$\left.\begin{aligned} B_+ \mathbf{V}_{MM'} &= \sqrt{(J'-M')(J'+M'+1)}\mathbf{V}_{M,M'+1}, \\ B_- \mathbf{V}_{MM'} &= \sqrt{(J'+M')(J'-M'+1)}\mathbf{V}_{M,M'-1}, \\ B_0 \mathbf{V}_{MM'} &= M'\mathbf{V}_{MM'}, \end{aligned}\right\} \tag{7.39b}$$

(7.38)中的矢量生成 R 中一个对于群 L_1 的无穷小变换 A_i 和 B_j 不变的子空间,因此给出群 L_1 的一个表示.用讨论旋转群的不可约表示时所用的方法可以证明,由无穷小表示算符(7.39a,b)式所给出的群 L_1 的表示是不可约的.由于空间 R 是不可约的,因此由基矢(7.38)式生成的子空间等同于全部空间 R,由(7.39)式给出的表示就是空间 R 所给出的不可约表示.这样我们就得到了正洛伦兹群所有可能的有限维的可微分的不可约表示.我们以符号 $D_{JJ'}$ 代表由(7.39a,b)式所确定的正洛伦兹群的不可约表示,一个正洛伦兹群的不可约表示可以由一对数(J,J')来标志,J 和 J' 都可以取正整数、半正整数或零.

正洛伦兹群唯一的一维表示就是单位表示 D_{00},它有两个不等价的二维不可约表示 $D_{\frac{1}{2}0}$ 和 $D_{0\frac{1}{2}}$[①].我们以符号

$$u^1 = \mathbf{V}_{\frac{1}{2}0}, \qquad u^2 = \mathbf{V}_{-\frac{1}{2}0} \tag{7.40}$$

代表表示 $D_{\frac{1}{2}0}$ 的基矢;以符号

$$v_{\dot{1}} = \mathbf{V}_{0\frac{1}{2}}, \qquad v_{\dot{2}} = \mathbf{V}_{0-\frac{1}{2}} \tag{7.41}$$

代表表示 $D_{0\frac{1}{2}}$ 的基矢,那么显然可见下列表式

$$\sqrt{\binom{2J}{J+M}\binom{2J'}{J'+M'}}u^{1\,J+M}u^{2\,J-M}v_{\dot{1}}^{J'+M'}v_{\dot{2}}^{J'-M'} \tag{7.42}$$

可以作为表示 $D_{JJ'}$ 的一套基矢,它们的变换方式和 $\mathbf{V}_{MM'}$ 的变换方式一样.从(7.42)式可以看出,表示 D_{J0} 和表示 $D_{0J'}$ 的乘积表示就是不可约表示 $D_{JJ'}$.不难看出不可约表示 D_{J_10} 和 D_{J_20} 的乘积表示 $D_{J_10}\times D_{J_20}$ 可以分解为如下的一系列不可约表示之和:

① 为了表述简洁,有时略去下角标之间的逗号,例如:$D_{0-\frac{1}{2}}=D_{0,-\frac{1}{2}}$.

$$D_{J_1 0}\times D_{J_2 0}=\sum_{J=|J_1-J_2|}^{J_1+J_2} D_{J0}, \tag{7.43}$$

同样地可以证明

$$D_{0J_1}\times D_{0J_2}=\sum_{J=|J_1-J_2|}^{J_1+J_2} D_{0J}. \tag{7.44}$$

若

$$\boldsymbol{V}_{M_1 0}^{J_1 0},\boldsymbol{V}_{M_2 0}^{J_2 0},\boldsymbol{V}_{M0}^{J0}\quad (J_1\geqslant M_1\geqslant -J_1;J_2\geqslant M_2\geqslant -J_2;J\geqslant M\geqslant -J) \tag{7.45}$$

分别为表示 $D_{J_1 0}$,$D_{J_2 0}$和 D_{J0}的基矢,那么显然有

$$\boldsymbol{V}_{M0}^{J0}=\sum_{M_1+M_2=M}\boldsymbol{V}_{M_1 0}^{J_1 0}\boldsymbol{V}_{M_2 0}^{J_2 0}\langle J_1 J_2 M_1 M_2 \mid JM\rangle, \tag{7.46}$$

与此相似,若

$$\boldsymbol{V}_{0M_1}^{0J_1},\boldsymbol{V}_{0M_2}^{0J_2},\boldsymbol{V}_{0M}^{0J}\quad (J_1\geqslant M_1\geqslant -J_1;J_2\geqslant M_2\geqslant -J_2;J\geqslant M\geqslant -J) \tag{7.47}$$

分别为(7.44)式中不可约表示 D_{0J_1},D_{0J_2}和 D_{0J}的基矢,那么就有

$$\boldsymbol{V}_{0M}^{0J}=\sum_{M_1+M_2=M}\boldsymbol{V}_{0M_1}^{0J_1}\boldsymbol{V}_{0M_2}^{0J_2}\langle J_1 J_2 M_1 M_2 \mid JM\rangle. \tag{7.48}$$

不难看出,不可约表示 $D_{J_1 J_1'}$ 和 $D_{J_2 J_2'}$ 的乘积表示可以分解为如下的一系列不可约表示之和:

$$D_{J_1 J_1'}\times D_{J_2 J_2'}=\sum_{J=|J_1-J_2|}^{J_1+J_2}\ \sum_{J'=|J_1'-J_2'|}^{J_1'+J_2'} D_{JJ'}. \tag{7.49}$$

若(7.49)式中的不可约表示 $D_{J_1 J_1'}$,$D_{J_2 J_2'}$和 $D_{JJ'}$分别具有如下的基矢

$$\boldsymbol{U}_{M_1 M_1'}^{J_1 J_1'},\quad \boldsymbol{V}_{M_2 M_2'}^{J_2 J_2'},\quad \boldsymbol{W}_{MM'}^{JJ'}$$

$$\begin{aligned}(J_1\geqslant M_1\geqslant -J_1,\quad J_2\geqslant M_2\geqslant -J_2,\quad J\geqslant M\geqslant -J,\\ J_1'\geqslant M_1'\geqslant -J_1',\quad J_2'\geqslant M_2'\geqslant -J_2',\quad J'\geqslant M'\geqslant -J'),\end{aligned} \tag{7.50}$$

那么它们之间存在着如下的关系:

$$\begin{aligned}\boldsymbol{W}_{MM'}^{JJ'}&=\sum_{M_1+M_2=M}\ \sum_{M_1'+M_2'=M'}\boldsymbol{U}_{M_1 M_1'}^{J_1 J_1'}\boldsymbol{V}_{M_2 M_2'}^{J_2 J_2'}\langle J_1 J_2 M_1 M_2 \mid JM\rangle\\ &\quad\times\langle J_1' J_2' M_1' M_2' \mid J'M'\rangle,\\ \boldsymbol{U}_{M_1 M_1'}^{J_1 J_1'}\boldsymbol{V}_{M_2 M_2'}^{J_2 J_2'}&=\sum_{JJ'}\boldsymbol{W}_{MM'}^{JJ'}\langle J,M=M_1+M_2 \mid J_1 J_2 M_1 M_2\rangle\\ &\quad\times\langle J',M'=M_1'+M_2' \mid J_1' J_2' M_1' M_2'\rangle.\end{aligned} \tag{7.51}$$

设 $J_1=J_2, J_1'=J_2'$，那么在乘积表示中就包含着单位表示 D_{00}，这个单位表示的基矢是

$$\boldsymbol{W}_{00}^{00}=\sum_{M_1,M_1'}\boldsymbol{U}_{M_1M_1'}^{J_1J_1'}\boldsymbol{V}_{M_1M_1'}^{J_1J_1'}\langle J_1J_1M_1,-M_1\mid 00\rangle\langle J_1'J_1'M_1',-M_1'\mid 00\rangle. \tag{7.52}$$

考虑到(7.52)式的克莱布施-戈登系数，可知表示

$$\sum_{M,M'}(-1)^{J+J'-M-M'}\boldsymbol{U}_{MM'}^{JJ'}\boldsymbol{V}_{-M-M'}^{JJ'} \tag{7.53}$$

在正洛伦兹变换中是不变量.

我们令 R_1, R_2 和 $R=R_1\times R_2$ 分别代表给出不可约表示 $D_{J_1J_1'}, D_{J_2J_2'}$ 和乘积表示 $D_{J_1J_1'}\times D_{J_2J_2'}$ 的矢量空间，令

$$\boldsymbol{b}=\sum_{M_1,M_1'}b_{M_1M_1'}^{J_1J_1'}\cdot\boldsymbol{U}_{M_1M_1'}^{J_1J_1'},\qquad \boldsymbol{c}=\sum_{M_2,M_2'}c_{M_2M_2'}^{J_2J_2'}\cdot\boldsymbol{V}_{M_2M_2'}^{J_2J_2'} \tag{7.54}$$

分别为空间 R_1 中的一个矢量和空间 R_2 中的一个矢量，那么

$$\boldsymbol{d}=\sum_{M_1,M_1',M_2,M_2'}b_{M_1M_1'}^{J_1J_1'}c_{M_2M_2'}^{J_2J_2'}\boldsymbol{U}_{M_1M_1'}^{J_1J_1'}\boldsymbol{V}_{M_2M_2'}^{J_2J_2'} \tag{7.55}$$

就是乘积空间 R 中的一个矢量，可以将 $\boldsymbol{d}$ 表达为如下的表示：

$$\boldsymbol{d}=\sum_{J,J',M,M'}d_{MM'}^{JJ'}\boldsymbol{W}_{MM'}^{JJ'}. \tag{7.56}$$

将(7.51)式代入(7.55)式，再和(7.56)式比较，就得到

$$d_{MM'}^{JJ'}=\sum_{M_1+M_2=M}\ \sum_{M_1'+M_2'=M'}\langle JM\mid J_1J_2M_1M_2\rangle\times\langle J'M'\mid J_1'J_2'M_1'M_2'\rangle b_{M_1M_1'}^{J_1J_1'}c_{M_2M_2'}^{J_2J_2'}. \tag{7.57}$$

设 $J_1=J_2, J_1'=J_2'$，那么就有

$$d_{00}^{00}=\sum_{M_1,M_1'}\langle 00\mid J_1J_1M_1,-M_1\rangle\langle 00\mid J_1'J_1'M_1',-M_1'\rangle b_{M_1M_1'}^{J_1J_1'}c_{-M_1-M_1'}^{J_1J_1'}. \tag{7.58}$$

因此表示

$$\sum_{M,M'}(-1)^{J+J'-M-M'}b_{MM'}^{JJ'}c_{-M-M'}^{JJ'} \tag{7.59}$$

在正洛伦兹变换中是不变量.

§7.4　不可约表示 $D_{JJ'}$ 作为旋转群的表示

由于旋转群是正洛伦兹群的子群，因此正洛伦兹群的表示也是旋转群

的表示.有兴趣的问题是正洛伦兹群的不可约表示 $D_{JJ'}$ 作为旋转群的表示是不是可约的.如果是可约的,那么它可以分解为那些旋转群的不可约表示.我们先考虑表示 D_{J0},它具有基矢

$$\mathbf{V}_{M0}^{J0} \quad (J \geqslant M \geqslant -J), \tag{7.60}$$

从(7.39b)可以知道,在这个表示中无穷小变换

$$B_+ = B_- = B_0 = 0. \tag{7.61}$$

从(7.34)和(7.32)式可以知道,在 $I_j = -\mathrm{i}K_j$ 的情况下

$$A_j = -I_j \quad (j = 1,2,3), \tag{7.62}$$

因此 A_j 等同于旋转群的无穷小算符.(7.62)式右方的负号是由于我们在讨论正洛伦兹群时考虑了坐标的旋转和移动,而不是考虑了物理系统的旋转和移动而产生的.考虑了(7.39a)式就可以知道,以(7.60)式作为基矢的空间给出旋转群的不可表示 D_J.同样可以证明,正洛伦兹群的不可约表示 $D_{0J'}$ 给出旋转群的不可约表示 $D_{J'}$.由于 $D_{J0} \times D_{0J'} = D_{JJ'}$,因此正洛伦兹群给出的旋转群的表示

$$D_J \times D_{J'} = \sum_{J_0=|J-J'|}^{J+J'} D_{J0}. \tag{7.63}$$

可以立刻看出,如果 $J+J'$ 是整数,那么 $D_{JJ'}$ 给出正洛伦兹群的单值表示,因为在这样的情况下,和群的单位元素相应的只有单位矩阵;但是如果 $J+J'$ 是半整数,那么 $D_{JJ'}$ 是正洛伦兹群的一个双值表示,因为在这样的情况下和群的单位元素相应有二个矩阵,一个是单位矩阵,一个是负的单位矩阵.

§7.5 复共轭表示

设群 g 有一个表示 D,它的元素 a 相应的变换矩阵是 $\mathbf{A}$,那么如果 $\mathbf{A}$ 的复共轭矩阵 $\mathbf{A}^*$ 也和群元素 a 相应,我们就得到群 g 的又一个表示,称为与表示 D 相互复共轭的表示,并以符号 D^* 代表之.我们讨论与正洛伦兹群的不可约表示 $D_{JJ'}$ 相复共轭的表示 $D_{JJ'}^*$ 的性质.

由于我们所选择的群参数 $\alpha_j, v_j (j=1,2,3)$ 是实数,因此相互复共轭表示的相应的无穷小变换应该相互复共轭.以

$$\dot{I}_j, \dot{K}_j \quad (j = 1,2,3) \tag{7.64}$$

表示复共轭表示 $D_{JJ'}^*$ 的和参数 $\alpha_j, v_j (j=1,2,3)$ 相应的无穷小变换,那么就有

$$\dot{I}_j = I_j^*, \quad \dot{K}_j = K_j^*, \tag{7.65}$$

$\dot{I}_j$ 和 $\dot{K}_j$ 服从和(7.31)式相同的对易关系.引进

$$\left.\begin{aligned} \dot{A}_j &= -\frac{1}{2}(\dot{I}_j - \mathrm{i}\dot{K}_j), \\ \dot{B}_j &= -\frac{1}{2}(\dot{I}_j + \mathrm{i}\dot{K}_j) \end{aligned} \quad (j = 1,2,3), \right\} \tag{7.66}$$

那么显然有

$$\dot{A}_j = \dot{B}_j^*, \quad \dot{B}_j = A_j^* \quad (j = 1,2,3), \tag{7.67}$$

它们满足和(7.33)式类似的对易关系.引进

$$\left.\begin{aligned} &\dot{A}_+ = \mathrm{i}(\dot{A}_1 + \mathrm{i}\dot{A}_2), \quad \dot{A}_- = \mathrm{i}(\dot{A}_1 - \mathrm{i}\dot{A}_2), \quad \dot{A}_0 = \mathrm{i}\dot{A}_3, \\ &\dot{B}_+ = \mathrm{i}(\dot{B}_1 + \mathrm{i}\dot{B}_2), \quad \dot{B}_- = \mathrm{i}(\dot{B}_1 - \mathrm{i}\dot{B}_2), \quad \dot{B}_0 = \mathrm{i}\dot{B}_3, \end{aligned}\right\} \tag{7.68}$$

那么显然有

$$\left.\begin{aligned} &\dot{A}_+ = -B_-^*, \quad \dot{A}_- = -B_+^*, \quad \dot{A}_0 = -B_0^*, \\ &\dot{B}_+ = -A_-^*, \quad \dot{B}_- = -A_+^*, \quad \dot{B}_0 = -A_0^*, \end{aligned}\right\} \tag{7.69}$$

它们满足如下的对易关系:

$$\left.\begin{aligned} &[\dot{A}_0, \dot{A}_+] = \dot{A}_+, \qquad [\dot{B}_0, \dot{B}_+] = \dot{B}_+, \\ &[\dot{A}_0, \dot{A}_-] = -\dot{A}_-, \qquad [\dot{B}_0, \dot{B}_-] = -\dot{B}_-, \\ &[\dot{A}_+, \dot{A}_-] = 2\dot{A}_0, \qquad [\dot{B}_+, \dot{B}_-] = 2\dot{B}_0, \\ &[\dot{A}_i, \dot{B}_j] = 0 \quad (i,j = +,-,0). \end{aligned}\right\} \tag{7.70}$$

令 $\dot{\mathbf{V}}_{MM'}$ 为表示 $D_{JJ'}^*$ 的基矢,和表示 $D_{JJ'}$ 的基矢 $\mathbf{V}_{MM'}$ 相应,那么从(7.39)和(7.69)式可以得到如下的关系:

$$\left.\begin{aligned} \dot{A}_+ \dot{\mathbf{V}}_{MM'} &= -\sqrt{(J' + M')(J' - M' + 1)}\dot{\mathbf{V}}_{M,M'-1}, \\ \dot{A}_- \dot{\mathbf{V}}_{MM'} &= -\sqrt{(J' - M')(J' + M' + 1)}\dot{\mathbf{V}}_{M,M'+1}, \\ \dot{A}_0 \dot{\mathbf{V}}_{MM'} &= -M'\dot{\mathbf{V}}_{MM'}, \end{aligned}\right\} \tag{7.71a}$$

$$\left.\begin{aligned} \dot{B}_+ \dot{\mathbf{V}}_{MM'} &= -\sqrt{(J + M)(J - M + 1)}\dot{\mathbf{V}}_{M-1,M'}, \\ \dot{B}_- \dot{\mathbf{V}}_{MM'} &= -\sqrt{(J - M)(J + M + 1)}\dot{\mathbf{V}}_{M+1,M'}, \\ \dot{B}_0 \dot{\mathbf{V}}_{MM'} &= -M\dot{\mathbf{V}}_{MM'}, \end{aligned}\right\} \tag{7.71b}$$

(7.71)式给出了复共轭表示 $D_{JJ'}^*$ 的无穷小变换的具体形式.可以证明,复共

轭表示 $D^*_{JJ'}$ 和不可约表示 $D_{J'J}$ 等价. 为此我们引进新的基矢

$$\boldsymbol{U}_{M'M} \quad (J' \geqslant M' \geqslant -J';J \geqslant M \geqslant -J), \tag{7.72}$$

进行如下的坐标变换:

$$\dot{\boldsymbol{V}}_{MM'} = (-1)^{J'+J-M'-M}\boldsymbol{U}_{-M',-M}, \tag{7.73}$$

将(7.73)式代入(7.71)式,我们就得到如下的一套关系:

$$\left.\begin{aligned}
\dot{A}_+ \boldsymbol{U}_{M'M} &= \sqrt{(J'-M')(J'+M'+1)}\boldsymbol{U}_{M'+1,M},\\
\dot{A}_- \boldsymbol{U}_{M'M} &= \sqrt{(J'+M')(J'-M'+1)}\boldsymbol{U}_{M'-1,M},\\
\dot{A}_0\boldsymbol{U}_{M'M} &= M'\boldsymbol{U}_{M'M},
\end{aligned}\right\} \tag{7.74a}$$

$$\left.\begin{aligned}
\dot{B}_+ \boldsymbol{U}_{M'M} &= \sqrt{(J-M)(J+M+1)}\boldsymbol{U}_{M',M+1},\\
\dot{B}_- \boldsymbol{U}_{M'M} &= \sqrt{(J+M)(J+M+1)}\boldsymbol{U}_{M',M-1},\\
\dot{B}_0\boldsymbol{U}_{M'M} &= M\,\boldsymbol{U}_{M'M},
\end{aligned}\right\} \tag{7.74b}$$

比较(7.74)和(7.39)式,就可以看出,表示 $D_{J'J}$ 和复共轭表示 $D^*_{JJ'}$ 等价,即 $D_{J'J}\approx D^*_{JJ'}$.

以不可约表示 $D_{\frac{1}{2}0}$ 的复共轭表示 $D^*_{\frac{1}{2}0}$ 为例,我们以符号

$$\boldsymbol{u}^{\dot{1}} = \dot{\boldsymbol{V}}_{\frac{1}{2}0}, \quad \boldsymbol{u}^{\dot{2}} = \dot{\boldsymbol{V}}_{-\frac{1}{2}0} \tag{7.75}$$

代表复共轭表示 $D^*_{\frac{1}{2}0}$ 的基矢,那么从(7.73)式可以看出,$\left(\boldsymbol{v}^{\dot{1}},\boldsymbol{v}^{\dot{2}}\right)$ 的变换方式和不可约表示 $D_{0\frac{1}{2}}$ 的基矢$(-\boldsymbol{v}_{\dot{2}},\boldsymbol{v}_{\dot{1}})$的变换方式一样. 再以不可约表示 $D_{0\frac{1}{2}}$ 的复共轭表示 $D^*_{0\frac{1}{2}}$ 为例,我们以符号

$$\boldsymbol{v}_1 = \dot{\boldsymbol{V}}_{0\frac{1}{2}}, \quad \boldsymbol{v}_2 = \dot{\boldsymbol{V}}_{0-\frac{1}{2}} \tag{7.76}$$

代表复共轭表示 $D^*_{0\frac{1}{2}}$ 的基矢,那么从(7.73)式可以看出$(\boldsymbol{v}_1,\boldsymbol{v}_2)$的变换方式和不可约表示 $D_{\frac{1}{2}0}$ 的基矢$(\boldsymbol{u}^2,-\boldsymbol{u}^1)$的变换方式一样.

我们称表示 $D_{\frac{1}{2}0}$ 的矢量空间 $R_{\frac{1}{2}0}$ 中的矢量

$$a_1\boldsymbol{u}^1 + a_2\boldsymbol{u}^2 \tag{7.77}$$

为一阶的旋量,(a_1,a_2)为这个旋量的分量. 设(a_1,a_2),(b_1,b_2)为两个一阶旋量,那么根据式(7.59)可知表式

$$a_1b_2 - a_2b_1 \tag{7.78}$$

是一个标量,在正洛伦兹变换中保持不变. 由于复共轭表示 $D^*_{0\frac{1}{2}}$ 等价于表示 $D_{\frac{1}{2}0}$,因此空间 $R_{\frac{1}{2}0}$ 也给出表示 $D^*_{0\frac{1}{2}}$,可以将(7.77)式中的矢量表达为

$$a^1\boldsymbol{v}_1+a^2\boldsymbol{v}_2. \tag{7.79}$$

由于$(\boldsymbol{v}_1,\boldsymbol{v}_2)$的变换方式和$(\boldsymbol{u}^2,-\boldsymbol{u}^1)$一样，因此有

$$a^1=a_2,\quad a^2=-a_1, \tag{7.80}$$

可以将(7.80)式合并写做

$$a^r=\sum_{s=1}^{2}\varepsilon^{rs}a_s\quad(r=1,2), \tag{7.81}$$

其中ε^{rs}是下列矩阵

$$(\varepsilon^{rs})=\begin{pmatrix}0 & 1\\ -1 & 0\end{pmatrix} \tag{7.82}$$

的矩阵元.(7.81)式的逆是

$$a_r=\sum_{s=1,2}\varepsilon_{rs}a^s\ (r=1,2), \tag{7.83}$$

其中ε_{rs}是下列矩阵

$$(\varepsilon_{rs})=\begin{pmatrix}0 & -1\\ 1 & 0\end{pmatrix} \tag{7.84}$$

的矩阵元.从(7.79)和(7.80)式可知，表式

$$\sum_{r=1,2}a_rb^r \tag{7.85}$$

是不变量，因此我们也称(a_1,a_2)为旋量的协变分量，或简称为协变旋量；称(a^1,a^2)为旋量的逆变分量，或简称为逆变旋量.

我们称复共轭表示$D^*_{\frac{1}{2}0}$的空间$\dot{R}_{\frac{1}{2}0}$中的矢量

$$a_{\dot{1}}\boldsymbol{u}^{\dot{1}}+a_{\dot{2}}\boldsymbol{u}^{\dot{2}} \tag{7.86}$$

为一阶复共轭旋量，$(a_{\dot{1}},a_{\dot{2}})$为其协变分量.由于复共轭表示$D^*_{\frac{1}{2}0}$等价于不可约表示$D_{0\frac{1}{2}}$，所以可以将(7.86)式中的复共轭旋量表达为

$$a^{\dot{1}}\boldsymbol{v}_{\dot{1}}+a^{\dot{2}}\boldsymbol{v}_{\dot{2}}, \tag{7.87}$$

我们称$(a^{\dot{1}},a^{\dot{2}})$为复共轭旋量的逆变分量.由于$(\boldsymbol{u}^{\dot{1}},\boldsymbol{u}^{\dot{2}})$的变换方式和$(-\boldsymbol{v}_{\dot{2}},\boldsymbol{v}_{\dot{1}})$的变换方式一样，因此有

$$\left.\begin{aligned}a^{\dot{r}}&=\sum_{s=1,2}\varepsilon^{\dot{r}\dot{s}}a_{\dot{s}},\\ a_{\dot{r}}&=\sum_{s=1,2}\varepsilon_{\dot{r}\dot{s}}a^{\dot{s}}\end{aligned}\quad(r=1,2),\right\} \tag{7.88}$$

其中$\varepsilon^{\dot{r}\dot{s}}=\varepsilon^{rs}$，$\varepsilon_{\dot{r}\dot{s}}=\varepsilon_{rs}$.设$(a^{\dot{1}},a^{\dot{2}})$和$(b^{\dot{1}},b^{\dot{2}})$为两个复共轭旋量，那么根据

(7.59)式就有如下的不变量：

$$a^{\dot{1}}b^{\dot{2}} - a^{\dot{2}}b^{\dot{1}} = \sum_{r=1,2} a_{\dot{r}}\, b^{\dot{r}}. \tag{7.89}$$

可以将(7.85)和(7.89)式加以扩充，设

$$\mathbf{V}^{JJ'}_{MM'},\dot{\mathbf{V}}^{J'J}_{M'M} \quad (J \geqslant M \geqslant -J, J' \geqslant M' \geqslant -J') \tag{7.90}$$

分别为不可约表示 $D_{JJ'}$ 和复共轭表示 $D^*_{J'J}$ 的基矢，那么从(7.53)和(7.73)式可以知道，表式

$$\sum_{M,M'} \mathbf{V}^{JJ'}_{MM'}\dot{\mathbf{V}}^{J'J}_{M'M} \tag{7.91}$$

在正洛伦兹变换中是一个不变量. 设

$$\sum_{M,M'} c_{MM'}\mathbf{V}^{JJ'}_{MM'} \tag{7.92}$$

是表示 $D_{JJ'}$ 空间中的矢量，设

$$\sum_{M,M'} \dot{c}_{M'M}\dot{\mathbf{V}}^{J'J}_{M'M} \tag{7.93}$$

是复共轭表示 $D^*_{J'J}$ 空间中的矢量，那么表式

$$\sum_{M=-J}^{J}\ \sum_{M'=-J'}^{J'} \dot{c}_{M'M}c_{MM'} \tag{7.94}$$

在正洛伦兹变换中是一个不变量.

§7.6　旋量分析

设(a_1,a_2)，(b_1,b_2)为一阶协变旋量，有一组量

$$c_{rs} \quad (r,s=1,2) \tag{7.95}$$

在正洛伦兹变换中的变换方式和 a_rb_s 的变换方式一样，那么我们称(7.95)中的一组量为二阶协变旋量. 设$(a_{\dot{1}},a_{\dot{2}})$，$(b_{\dot{1}},b_{\dot{2}})$为一阶复共轭协变旋量，有一组量

$$c_{\dot{r}\dot{s}} \quad (r,s=1,2) \tag{7.96}$$

在正洛伦兹变换中的变换方式和 $a_{\dot{r}}\,b_{\dot{s}}$ 的变换方式一样，那么我们称(7.96)中的一组量为二阶复共轭协变旋量. 如果有一组量

$$c_{\dot{r}\dot{s}} \quad (r,s=1,2) \tag{7.97}$$

在正洛伦兹变换中的变换方式和 $a_rb_{\dot{s}}$ 的变换方式一样，那么我们称(7.97)中的一组量为二阶混合协变旋量. 不难定义和(7.95)，(7.96)，(7.97)相应的二阶逆变旋量

$$d^{rs}, d^{\dot{r}\dot{s}}, d^{r\dot{s}}, \tag{7.98}$$

不难证明，表式

$$\sum_{r',s'=1,2} \varepsilon^{rr'} \varepsilon^{ss'} d_{r's'} \tag{7.99}$$

的变换方式和 d^{rs} 的变换方式一样；表式

$$\sum_{r',s'} \varepsilon^{\dot{r}\dot{s}'} \varepsilon^{\dot{s}\dot{s}'} d_{\dot{r}'\dot{s}'}, \quad \sum_{r',s'} \varepsilon^{rr'} \varepsilon^{\dot{s}\dot{s}'} d_{r'\dot{s}'} \tag{7.100}$$

的变换方式和 $d^{\dot{r}\dot{s}}$ 和 $d^{r\dot{s}}$ 变换方式一样. 可以看出，表式

$$\sum_{r,s=1,2} d^{rs} c_{rs}, \quad \sum_{r,s=1,2} d^{\dot{r}\dot{s}} c_{\dot{r}\dot{s}}, \quad \sum_{r,s=1,2} d^{r\dot{s}} c_{r\dot{s}} \tag{7.101}$$

在正洛伦兹变换中是不变量. 可以将表式(7.85)和(7.89)写做

$$\left.\begin{aligned} \sum_{r=1,2} a_r b^r &= \sum_{r,s=1,2} \varepsilon^{rs} a_r b_s = \sum_{r,s=1,2} \varepsilon_{rs} b^r a^s, \\ \sum_{r=1,2} a_r b^r &= \sum_{r,s=1,2} \varepsilon^{\dot{r}\dot{s}} a_{\dot{r}} b_{\dot{s}} = \sum_{r,s=1,2} \varepsilon_{\dot{r}\dot{s}} b^{\dot{r}} a^{\dot{s}}. \end{aligned}\right\} \tag{7.102}$$

它们在正洛伦兹变换中不变，因此可以将 $\varepsilon^{rs}, \varepsilon_{rs}, \varepsilon^{\dot{r}\dot{s}}, \varepsilon_{\dot{r}\dot{s}}$ 当做二阶旋量. 不难看出表式

$$\sum_{r=1,2} a^r b_{rs}, \quad \sum_{r=1,2} a_r b^{rs} \tag{7.103}$$

的变换方式和 b_s 以及 b^s 的变换方式一样. 此外从(7.82)和(7.84)式可得

$$\sum_{r=1,2} a_r b^r = -\sum_{r=1,2} a^r b_r, \tag{7.104}$$

因此有

$$\sum_{r=1,2} a_r a^r = 0. \tag{7.105}$$

与此相似，可以证明，对于任何三个一阶旋量有

$$\sum_{r=1,2} \{a^r b_r c_s + a_r b_s c^r + a_s b^r c_r\} = 0. \tag{7.106}$$

证明如下：如果旋量 a_r, b_r, c_r 彼此只相差一个数字因子，因此相互平行，那么从(7.105)式，可以立刻得到(7.106)式；如果 a_r, b_r, c_r 中有两个线性无关的旋量，例如 a_r 和 b_r 线性无关，那么如果以符号 $d_s (s=1,2)$ 代表(7.106)式左方的表达式，就有

$$\sum_{s=1,2} a^s d_s = 0, \quad \sum_{s=1,2} b^s d_s = 0. \tag{7.107}$$

从(7.107)式中的两个式子，就立刻得到(7.106)式.

我们引入如下的旋量的一般定义：设

$$a_r, b_r, c_r, \cdots, d^r, e^r, f^r, \cdots, g_{\dot{r}}, h_{\dot{r}}, j_{\dot{r}} \cdots, k^{\dot{r}}, l^{\dot{r}}, m^{\dot{r}}, \cdots$$

为一套一阶旋量，有一组量

$$q_{rs\cdots\dot{t}\dot{u}}^{vw\cdots\dot{x}\dot{y}} \quad (r, s, \cdots, t, u, v, w, \cdots, x, y = 1, 2) \tag{7.108}$$

在正洛伦兹交换中的变换方式和

$$a_r b_s \cdots g_{\dot{t}} h_{\dot{u}} d^v e^w \cdots k^{\dot{x}} l^{\dot{y}} \tag{7.109}$$

一样，那么我们称(7.108)式中的一组量为旋量．如果表式(7.108)中上下标符的数目一共 n 个，那么我们称这个旋量是 n 阶的．例如 a_{rslm}^{uv} 就是一个六阶旋量．可以从两个旋量相乘得到另一个旋量．例如：

$$c_{rs\dot{u}\dot{v}}^{l\dot{m}\dot{t}} = a_{r\dot{u}\dot{v}}^{l} b_s^{\dot{m}\dot{t}}, \tag{7.110}$$

这是一个七阶旋量，它是由一个三阶旋量和一个四阶旋量相乘而得到的．也可以从一个阶数比较高的旋量得到一个阶数比较低的旋量．例如

$$\sum_r c_{rs}^{rm\dot{t}} = d_s^{m\dot{t}} \tag{7.111}$$

就是一个三阶旋量，它是从一个五阶旋量产生出来的．令这个五阶旋量的一对上标符和下标符取相同的数值 r，并对 r 求和就得到一个三阶旋量．这种从高阶旋量做出低阶旋量的方法叫做“短缩”的方法．这种短缩方法也可以用于带有点的代表复共轭旋量的标符．

可以证明，四维不可约表示 $D_{\frac{1}{2}\frac{1}{2}}$ 等价于四维闵可夫斯基向量空间给出的正洛伦兹群的表示(7.27)．从(7.28)，(7.30)，(7.32)和(7.34)式可以立刻得到如下的四维矢量空间给出的正洛伦兹群的表示的无穷小变换算符：

$$\left.\begin{aligned}
&A_+ = \frac{1}{2}\begin{pmatrix} 0 & 1 & \mathrm{i} & 0 \\ 1 & 0 & 0 & -1 \\ \mathrm{i} & 0 & 0 & -\mathrm{i} \\ 0 & 1 & \mathrm{i} & 0 \end{pmatrix}, B_+ = \frac{1}{2}\begin{pmatrix} 0 & -1 & -\mathrm{i} & 0 \\ -1 & 0 & 0 & -1 \\ -\mathrm{i} & 0 & 0 & -\mathrm{i} \\ 0 & 1 & \mathrm{i} & 0 \end{pmatrix}, \\
&A_- = \frac{1}{2}\begin{pmatrix} 0 & 1 & -\mathrm{i} & 0 \\ 1 & 0 & 0 & 1 \\ -\mathrm{i} & 0 & 0 & -\mathrm{i} \\ 0 & -1 & \mathrm{i} & 0 \end{pmatrix}, B_- = \frac{1}{2}\begin{pmatrix} 0 & -1 & \mathrm{i} & 0 \\ -1 & 0 & 0 & 1 \\ \mathrm{i} & 0 & 0 & -\mathrm{i} \\ 0 & -1 & \mathrm{i} & 0 \end{pmatrix}, \\
&A_0 = \frac{1}{2}\begin{pmatrix} 0 & 0 & 0 & 1 \\ 0 & 0 & -\mathrm{i} & 0 \\ 0 & \mathrm{i} & 0 & 0 \\ 0 & 0 & 0 & 0 \end{pmatrix}, B_0 = \frac{1}{2}\begin{pmatrix} 0 & 0 & 0 & -1 \\ 0 & 0 & -\mathrm{i} & 0 \\ 0 & \mathrm{i} & 0 & 0 \\ -1 & 0 & 0 & 0 \end{pmatrix}.
\end{aligned}\right\} \tag{7.112}$$

我们引入如下的一套四个相互正交的归一化矢量：

$$\left.\begin{aligned}&\boldsymbol{V}_{\frac{1}{2}\frac{1}{2}}=\frac{1}{\sqrt{2}}\begin{pmatrix}0\\1\\\mathrm{i}\\0\end{pmatrix},\quad \boldsymbol{V}_{\frac{1}{2}-\frac{1}{2}}=\frac{1}{\sqrt{2}}\begin{pmatrix}-1\\0\\0\\-1\end{pmatrix},\\&\boldsymbol{V}_{-\frac{1}{2}\frac{1}{2}}=\frac{1}{\sqrt{2}}\begin{pmatrix}1\\0\\0\\-1\end{pmatrix},\quad \boldsymbol{V}_{-\frac{1}{2}-\frac{1}{2}}=\frac{1}{\sqrt{2}}\begin{pmatrix}0\\-1\\\mathrm{i}\\0\end{pmatrix},\end{aligned}\right\}\tag{7.113}$$

从(7.112)和(7.113)式可以得到如下的关系：

$$\left.\begin{aligned}&A_+\boldsymbol{V}_{\frac{1}{2}\frac{1}{2}}=0, && A_+\boldsymbol{V}_{\frac{1}{2}-\frac{1}{2}}=0,\\&A_0\boldsymbol{V}_{\frac{1}{2}\frac{1}{2}}=\frac{1}{2}\boldsymbol{V}_{\frac{1}{2}\frac{1}{2}}, && A_0\boldsymbol{V}_{\frac{1}{2}-\frac{1}{2}}=\frac{1}{2}\boldsymbol{V}_{\frac{1}{2}-\frac{1}{2}},\\&A_-\boldsymbol{V}_{\frac{1}{2}\frac{1}{2}}=\boldsymbol{V}_{-\frac{1}{2}\frac{1}{2}}, && A_-\boldsymbol{V}_{\frac{1}{2}-\frac{1}{2}}=\boldsymbol{V}_{-\frac{1}{2}-\frac{1}{2}},\\&B_+\boldsymbol{V}_{\frac{1}{2}\frac{1}{2}}=0, && B_+\boldsymbol{V}_{\frac{1}{2}-\frac{1}{2}}=\boldsymbol{V}_{\frac{1}{2}\frac{1}{2}},\\&B_0\boldsymbol{V}_{\frac{1}{2}\frac{1}{2}}=\frac{1}{2}\boldsymbol{V}_{\frac{1}{2}\frac{1}{2}}, && B_0\boldsymbol{V}_{\frac{1}{2}-\frac{1}{2}}=-\frac{1}{2}\boldsymbol{V}_{\frac{1}{2}-\frac{1}{2}},\\&B_-\boldsymbol{V}_{\frac{1}{2}\frac{1}{2}}=\boldsymbol{V}_{\frac{1}{2}-\frac{1}{2}}, && B_-\boldsymbol{V}_{\frac{1}{2}-\frac{1}{2}}=0,\\&A_+\boldsymbol{V}_{-\frac{1}{2}\frac{1}{2}}=\boldsymbol{V}_{\frac{1}{2}\frac{1}{2}}, && A_+\boldsymbol{V}_{-\frac{1}{2}-\frac{1}{2}}=\boldsymbol{V}_{\frac{1}{2}-\frac{1}{2}},\\&A_0\boldsymbol{V}_{-\frac{1}{2}\frac{1}{2}}=-\frac{1}{2}\boldsymbol{V}_{-\frac{1}{2}\frac{1}{2}}, && A_0\boldsymbol{V}_{-\frac{1}{2}-\frac{1}{2}}=-\frac{1}{2}\boldsymbol{V}_{-\frac{1}{2}-\frac{1}{2}},\\&A_-\boldsymbol{V}_{-\frac{1}{2}\frac{1}{2}}=0, && A_-\boldsymbol{V}_{-\frac{1}{2}-\frac{1}{2}}=0,\\&B_+\boldsymbol{V}_{-\frac{1}{2}\frac{1}{2}}=0, && B_+\boldsymbol{V}_{-\frac{1}{2}-\frac{1}{2}}=\boldsymbol{V}_{-\frac{1}{2}\frac{1}{2}},\\&B_0\boldsymbol{V}_{-\frac{1}{2}\frac{1}{2}}=\frac{1}{2}\boldsymbol{V}_{-\frac{1}{2}\frac{1}{2}}, && B_0\boldsymbol{V}_{-\frac{1}{2}-\frac{1}{2}}=-\frac{1}{2}\boldsymbol{V}_{-\frac{1}{2}-\frac{1}{2}},\\&B_-\boldsymbol{V}_{-\frac{1}{2}\frac{1}{2}}=\boldsymbol{V}_{-\frac{1}{2}-\frac{1}{2}}, && B_-\boldsymbol{V}_{-\frac{1}{2}-\frac{1}{2}}=0.\end{aligned}\right\}\tag{7.114}$$

(7.114)式正是表示 $D_{\frac{1}{2}\frac{1}{2}}$ 的无穷小变换算符必须满足的关系(7.39a,b). 由于无穷小变换算符决定了表示的形式，因此这就证明了：四维的闵可夫斯基矢量空间给出的正洛伦兹群的表示和不可约表示 $D_{\frac{1}{2}\frac{1}{2}}$ 等价. 令

$$
\boldsymbol{e}_0=\begin{pmatrix}1\\0\\0\\0\end{pmatrix},\quad \boldsymbol{e}_1=\begin{pmatrix}0\\1\\0\\0\end{pmatrix},\quad \boldsymbol{e}_2=\begin{pmatrix}0\\0\\1\\0\end{pmatrix},\quad \boldsymbol{e}_3=\begin{pmatrix}0\\0\\0\\1\end{pmatrix}\tag{7.115}
$$

代表四维闵可夫斯基矢量空间的自然基矢. 不难给出表示 $D_{\frac{1}{2}\frac{1}{2}}$ 的基矢和自然基矢之间的变换关系. 由于表示 $D_{\frac{1}{2}\frac{1}{2}}$ 等价于乘积表示 $D_{\frac{1}{2}0}\times D_{0\frac{1}{2}}$，因此利用(7.40)和(7.41)式中的符号，可以取如下的一套表示 $D_{\frac{1}{2}\frac{1}{2}}$ 的基矢：

$$
\left.\begin{aligned}
&\boldsymbol{V}_{\frac{1}{2}\frac{1}{2}}=\boldsymbol{u}^1\boldsymbol{v}_{\dot{1}}, && \boldsymbol{V}_{\frac{1}{2}-\frac{1}{2}}=\boldsymbol{u}^1\boldsymbol{v}_{\dot{2}},\\
&\boldsymbol{V}_{-\frac{1}{2}\frac{1}{2}}=\boldsymbol{u}^2\boldsymbol{v}_{\dot{1}}, && \boldsymbol{V}_{-\frac{1}{2}-\frac{1}{2}}=\boldsymbol{u}^2\boldsymbol{v}_{\dot{2}},
\end{aligned}\right\}\tag{7.116}
$$

从(7.113)，(7.115)和(7.116)式可以立刻得到如下的关系：

$$
\boldsymbol{u}^r\boldsymbol{v}_{\dot{s}}=\sum_{\mu=0}^{3}\boldsymbol{e}_\mu\boldsymbol{u}_{\mu,\dot{s}}^{\ \ r},\tag{7.117}
$$

其中 $u_{\mu,\dot{s}}^{\ \ r}$ 是下列幺正矩阵的矩阵元：

$$
\frac{1}{\sqrt{2}}\begin{pmatrix}0&-1&1&0\\1&0&0&-1\\\mathrm{i}&0&0&\mathrm{i}\\0&-1&-1&0\end{pmatrix}\begin{matrix}0\\1\\2\\3\end{matrix}\tag{7.118}
$$

$$
\begin{pmatrix}1\\\dot{1}\end{pmatrix}\quad\begin{pmatrix}1\\\dot{2}\end{pmatrix}\quad\begin{pmatrix}2\\\dot{1}\end{pmatrix}\quad\begin{pmatrix}2\\\dot{2}\end{pmatrix}
$$

(7.118)中的矩阵的行以标符 $\mu=0,1,2,3$ 标志，它的列以对标符 $\begin{pmatrix}r\\\dot{s}\end{pmatrix}(r,s=1,2)$ 标志. 考虑到$(\boldsymbol{u}^{\dot{1}},\boldsymbol{u}^{\dot{2}})$的变换方式和$(-\boldsymbol{v}_{\dot{2}},\boldsymbol{v}_{\dot{1}})$的变换方式一样，也可以取如下一套表示 $D_{\frac{1}{2}\frac{1}{2}}$ 的基矢：

$$
\left.\begin{aligned}
&\boldsymbol{V}_{\frac{1}{2}\frac{1}{2}}=\boldsymbol{u}^1\boldsymbol{u}^{\dot{2}}, && \boldsymbol{V}_{\frac{1}{2}-\frac{1}{2}}=-\boldsymbol{u}^1\boldsymbol{u}^{\dot{1}},\\
&\boldsymbol{V}_{-\frac{1}{2}\frac{1}{2}}=\boldsymbol{u}^2\boldsymbol{u}^{\dot{2}}, && \boldsymbol{V}_{-\frac{1}{2}-\frac{1}{2}}=-\boldsymbol{u}^2\boldsymbol{u}^{\dot{1}},
\end{aligned}\right\}\tag{7.119}
$$

它们和自然基矢 $\boldsymbol{e}_\mu$ 之间有如下的关系：

$$
\boldsymbol{u}^r\boldsymbol{u}^{\dot{s}}=\sum_{\mu=0}^{3}\boldsymbol{e}_\mu\boldsymbol{u}^{\mu,r\dot{s}},\tag{7.120}
$$

其中 $u^{\mu,r\dot{s}}$ 是下列幺正矩阵的矩阵元：

$$\frac{1}{\sqrt{2}}\begin{pmatrix}1 & 0 & 0 & 1\\ 0 & 1 & 1 & 0\\ 0 & \mathrm{i} & -\mathrm{i} & 0\\ 1 & 0 & 0 & -1\end{pmatrix}\begin{matrix}0\\1\\2\\3\end{matrix} \tag{7.121}$$

$$(1\dot{1})\ (1\dot{2})\ (2\dot{1})\ (2\dot{2})$$

(7.121)式中矩阵的行用标符 $\mu=0,1,2,3$ 标志，它的列以一对标符($r\dot{s}$)($r,s=1,2$)标志.

设 $\boldsymbol{A}$ 为四维闵可夫斯基空间中的任何矢量，那么它可以被表达为

$$\boldsymbol{A}=\sum_{\mu=0}^{3}\boldsymbol{e}_{\mu}a^{\mu}=\sum_{r,s=1,2}\boldsymbol{u}^{r}\boldsymbol{u}^{\dot{s}}a_{r\dot{s}}, \tag{7.122}$$

其中 a^{μ} 称为矢量 $\boldsymbol{A}$ 的自然分量，$a_{r\dot{s}}$ 是一个二阶混合协变旋量. 将(7.120)式代入(7.122)式就得到

$$a^{\mu}=\sum_{r,s=1,2}u^{\mu,r\dot{s}}a_{r\dot{s}}. \tag{7.123}$$

因此一个二阶混合协变旋量可以表达为一个四维闵可夫斯基矢量. 与之相反，一个四维闵可夫斯基矢量也可以表达为一个二阶混合协变旋量

$$\left.\begin{aligned}a_{1\dot{1}}&=\frac{1}{\sqrt{2}}(a^{0}+a^{3}),\quad a_{1\dot{2}}=\frac{1}{\sqrt{2}}(a^{1}-\mathrm{i}a^{2}),\\ a_{2\dot{1}}&=\frac{1}{\sqrt{2}}(a^{1}+\mathrm{i}a^{2}),\quad a_{2\dot{2}}=\frac{1}{\sqrt{2}}(a^{0}-a^{3}).\end{aligned}\right\} \tag{7.124}$$

可以将上式写成二行二列的矩阵形式，矩阵的行以符号 $r=1,2$ 标志，矩阵的列以符号 $\dot{s}=\dot{1},\dot{2}$ 标志：

$$\begin{pmatrix}a_{1\dot{1}} & a_{1\dot{2}}\\ a_{2\dot{1}} & a_{2\dot{2}}\end{pmatrix}=\frac{1}{\sqrt{2}}\sum_{\mu=0}^{3}a^{\mu}\boldsymbol{\sigma}_{\mu}, \tag{7.125}$$

其中 $\boldsymbol{\sigma}_{\mu}$ 是如下的矩阵：

$$\left.\begin{aligned}\boldsymbol{\sigma}_{1}&=\begin{pmatrix}0 & 1\\ 1 & 0\end{pmatrix},\quad \boldsymbol{\sigma}_{2}=\begin{pmatrix}0 & -\mathrm{i}\\ \mathrm{i} & 0\end{pmatrix},\\ \boldsymbol{\sigma}_{3}&=\begin{pmatrix}1 & 0\\ 0 & -1\end{pmatrix},\quad \boldsymbol{\sigma}_{0}=\begin{pmatrix}1 & 0\\ 0 & 1\end{pmatrix}.\end{aligned}\right\} \tag{7.126}$$

也可以将(7.125)式写做

$$a_{r\dot{s}} = \frac{1}{\sqrt{2}}\sum_{\mu=0}^{3} a^{\mu}\sigma_{\mu,r\dot{s}}, \tag{7.127}$$

其中 $\sigma_{\mu,r\dot{s}}$ 是矩阵 σ_μ 的第 r 行第 s 列的矩阵元. 可以将 $\sigma_{\mu,r\dot{s}}$ 当做一个由一个四维闵可夫斯基矢量和一个二阶混合协变旋量结合组成的量. 在正洛伦兹变换中它按标符 μ 的变换方式像一个四维闵可夫斯基协变矢量,按标符$(r\dot{s})$变换的方式像一个二阶混合协变旋量. 利用 $\sigma_{\mu,r\dot{s}}$ 可以从闵可夫斯基矢量和旋量得到其它的旋量. 例如: 设 x^μ 是一个闵可夫斯基矢量,$c^{\dot{s}}$ 是一个一阶复共轭逆变旋量,那么表式

$$b_r = \sum_{\mu=0}^{3}\sum_{s=1,2} x^{\mu}\sigma_{\mu,r\dot{s}}\, c^{\dot{s}} \tag{7.128}$$

就是一个一阶协变旋量. 引入表式

$$\sigma_{\mu}'^{\dot{p}q} = \sum_{r,s=1,2} \varepsilon^{\dot{p}\dot{s}}\, \varepsilon^{qr}\sigma_{\mu,r\dot{s}}, \tag{7.129}$$

那么不难证明: 如果 c_q 是一个一阶协变旋量,表式

$$b^{\dot{p}} = \sum_{\mu=0}^{3}\sum_{q=1,2} x^{\mu}\sigma_{\mu}'^{\dot{p}q} c_q \tag{7.130}$$

就是一个一阶复共轭逆变旋量. 可以将 $\sigma_{\mu}'^{\dot{p}q}$当做矩阵 σ_μ'的第 p 行第 q 列的矩阵元,那么就有

$$\sigma_0' = \sigma_0, \quad \sigma_i' = -\sigma_i \quad (i = 1,2,3), \tag{7.131}$$

不难证明,闵可夫斯基矢量空间中的张量 $b_{\mu\nu}(\mu,\nu=0,1,2,3)$可以表达为一个四阶混合协变旋量 $c_{rs\dot{t}\dot{p}}(r,s,t,p=1,2)$.

§7.7 顺时洛伦兹群的表示

顺时洛伦兹群是正洛伦兹群和空间反射组成的群. 为了寻求顺时洛伦兹群所有的有限维表示,必须首先确定空间反演算符和算符 A_+,A_-,A_0,B_+,B_-,B_0 之间的对易关系. 在四维闵可夫斯基矢量空间中,空间反射算符 P 具有如下的形式

$$\boldsymbol{P} = \begin{pmatrix} 1 & 0 & 0 & 0 \\ 0 & -1 & 0 & 0 \\ 0 & 0 & -1 & 0 \\ 0 & 0 & 0 & -1 \end{pmatrix}. \tag{7.132}$$

从(7.28),(7.30)和(7.132)式可得

$$[P,I_i]=0,\quad \{P,K_i\}=0\quad (i=1,2,3),\tag{7.133}$$

其中$\{A,B\}=AB+BA$. 从(7.132)和(7.133)式可得

$$PA_jP^{-1}=B_j,\quad PB_jP^{-1}=A_j\quad (j=1,2,3),\tag{7.134}$$

从(7.34)和(7.134)式可得

$$PA_lP^{-1}=B_l,\quad PB_lP^{-1}=A_l\quad (l=+,-,0),\tag{7.135}$$

设 D 是顺时洛伦兹群的一个不可约表示. 由于正洛伦兹群是顺时洛伦兹群的子群,因此 D 也给出正洛伦兹群的一个表示,这个正洛伦兹群的表示中至少包含一个不可约表示,我们令 $D_{JJ'}$ 代表这个正洛伦兹群的不可约表示,设给出表示 D 的空间是 R,它包含有一个子空间 R_1 给出不可约表示 $D_{JJ'}$. 令 $\boldsymbol{V}_{MM'}$ $(J\geqslant M\geqslant -J, J'\geqslant M'\geqslant -J')$是空间 R 中表示 $D_{JJ'}$ 的一套基矢,考虑矢量

$$\boldsymbol{V}'_{MM'}=\boldsymbol{P}\boldsymbol{V}_{MM'}\quad (J\geqslant M\geqslant -J, J'\geqslant M'\geqslant -J'),\tag{7.136}$$

从(7.39a,b),(7.135)和(7.136)式可得

$$\left.\begin{aligned}
&A_+\boldsymbol{V}'_{MM'}=\sqrt{(J'-M')(J'+M'+1)}\boldsymbol{V}'_{M,M'+1},\\
&A_-\boldsymbol{V}'_{MM'}=\sqrt{(J'+M')(J'-M'+1)}\boldsymbol{V}'_{M,M'-1},\\
&A_0\boldsymbol{V}'_{MM'}=M'\boldsymbol{V}'_{MM'},\\
&B_+\boldsymbol{V}'_{MM'}=\sqrt{(J-M)(J+M+1)}\boldsymbol{V}'_{M+1,M'},\\
&B_-\boldsymbol{V}'_{MM'}=\sqrt{(J+M)(J-M+1)}\boldsymbol{V}'_{M-1,M},\\
&B_0\boldsymbol{V}'_{MM'}=M\boldsymbol{V}'_{MM'}.
\end{aligned}\right\}\tag{7.137}$$

令

$$\boldsymbol{U}_{M'M}=\boldsymbol{V}_{MM'},\tag{7.138}$$

那么$\boldsymbol{U}_{M'M}$生成空间R 中的一个子空间R_2,它给出正洛伦兹群的一个不可约表示 $D_{J'J}$. 此外,又可以从(7.132)式看出

$$PP=E,\tag{7.139}$$

E 是群的单位元素,也是正洛伦兹群的单位元素. 因此,如果 $J+J'$是整数,那么 E 就是单位矩阵;如果 $J+J'$是半整数,那么 E 可能是单位矩阵,也可能是负的单位矩阵. 从(7.139),(7.136)和(7.138)式可得

$$\boldsymbol{P}\boldsymbol{U}_{M'M}=\boldsymbol{I}\boldsymbol{V}_{MM'}.\tag{7.140}$$

从(7.39a,b),(7.137),(7.136)和(7.140)式可以看出,由 $\boldsymbol{V}_{MM'}$ 和 $\boldsymbol{U}_{M'M}$ 生成的空间对于顺时洛伦兹群是不变的,因此它一定等同于空间 R.

如果 $J\neq J'$,那幺正洛伦兹群的不可约表示 $D_{JJ'}$ 和不可约表示 $D_{J'J}$ 不等

价;$\boldsymbol{V}_{MM'}$和$\boldsymbol{U}_{M'M}$一定是线性无关的,它们构成了空间 R 的一组基矢,称为标准基.标准基矢给出了表示 D.在这个表示中,空间反射算符的形式由(7.136),(7.138)和(7.140)式给出.如果$J=J'$,那么可以证明$\boldsymbol{V}_{MM'}$和$\boldsymbol{U}_{M'M}$是线性相关的.我们考虑向量:

$$\boldsymbol{W}_{MM'}^{\pm}=\boldsymbol{U}_{MM'}\pm\boldsymbol{V}_{MM'}\quad(J\geqslant M,M'\geqslant -J),\tag{7.141}$$

根据(7.39a,b)和(7.136)式,我们有

$$\left.\begin{aligned}
A_{+}\boldsymbol{W}_{MM'}^{\pm}&=\sqrt{(J-M)(J+M+1)}\boldsymbol{W}_{M+1,M'}^{\pm},\\
A_{-}\boldsymbol{W}_{MM'}^{\pm}&=\sqrt{(J+M)(J-M+1)}\boldsymbol{W}_{M-1,M'}^{\pm},\\
A_{0}\boldsymbol{W}_{MM'}^{\pm}&=M\boldsymbol{W}_{MM'}^{\pm},\\
B_{+}\boldsymbol{W}_{MM'}^{\pm}&=\sqrt{(J-M')(J+M'+1)}\boldsymbol{W}_{M,M'+1}^{\pm},\\
B_{-}\boldsymbol{W}_{MM'}^{\pm}&=\sqrt{(J+M')(J-M'+1)}\boldsymbol{W}_{M,M'-1}^{\pm},\\
B_{0}\boldsymbol{W}_{MM'}^{\pm}&=M'\boldsymbol{W}_{MM'}^{\pm}.
\end{aligned}\right\}\tag{7.142}$$

此外,从(7.136),(7.138)和(7.140)式又可得

$$\boldsymbol{P}\boldsymbol{W}_{MM'}^{\pm}=\pm\boldsymbol{W}_{M'M}^{\pm}.\tag{7.143}$$

因此,$\boldsymbol{W}_{MM'}^{+}$生成R中的一个子空间R_{+},$\boldsymbol{W}_{MM'}^{-}$生成R中的一个子空间R_{-},R_{+}和R_{-}分别对于顺时洛伦兹群不变,但是,由于空间R是不可约的,因此只有如下两种可能:

R_{+}等同于R,R_{-}只包含零矢量;

R_{-}等同于R,R_{+}只包含零矢量.

我们称前者的表示为D_{JJ}^{+},后者的表示为D_{JJ}^{-}.举例来说,D_{00}^{+}等价于标量给出的表示,而D_{00}^{-}则等价于赝标量给出的表示;$D_{\frac{1}{2}\frac{1}{2}}^{+}$等价于赝矢量所给出的表示,$D_{\frac{1}{2}\frac{1}{2}}^{-}$等价于矢量所给出的表示.

第八章　狄拉克波动方程

§8.1　狄拉克波动方程

为了使力学规律满足特殊相对论的要求,必须使运动方程对于正洛伦兹群具有不变性.利用旋量分析和张量分析的数学形式,可以使方程明显具有洛伦兹不变性.我们讨论狄拉克提出的电子所服从的相对论性方程.狄拉克看到薛定谔波动方程中包含对时间的一次微商,但是却包含了对空间坐标的二次微商,也就是波动方程对于时间和空间具有很大的不对称性,因此不满足特殊相对论的要求.狄拉克认为,为了保持方程的相对论不变性,方程只能包含有对时间和对空间坐标的一次微商.为了写下洛伦兹不变的波动方程,我们首先讨论对时间和对空间坐标的微商算符在洛伦兹变换中的变换性质.时间和空间坐标 $x^{\mu}(\mu=0,1,2,3)$ 是一个四维闵可夫斯基矢量,它们在洛伦兹变换中的变换方式是

$$x'^{\mu} = \sum_{\nu} a^{\mu}{}_{\nu} x^{\nu}, \tag{8.1}$$

变换系数 $a^{\mu}{}_{\nu}$ 满足如下的条件:

$$\sum_{\rho,\sigma} g_{\rho\sigma} a^{\rho}{}_{\mu} a^{\sigma}{}_{\nu} = g_{\mu\nu}, \tag{8.2}$$

$g_{\mu\nu}$ 的定义见(7.4)式.利用(8.2)式可以从(8.1)式推得

$$g_{\sigma\nu} x^{\nu} = \sum_{\rho} a^{\rho}{}_{\sigma} \sum_{\mu} g_{\rho\mu} x'^{\mu}. \tag{8.3}$$

因此有

$$\frac{\partial}{\partial x'^{\mu}} = \frac{\partial x^{\nu}}{\partial x'^{\mu}} \frac{\partial}{\partial x^{\nu}} = \alpha_{\mu}{}^{\nu} \frac{\partial}{\partial x^{\nu}}. \tag{8.4}$$

比较(8.1)和(8.4)式,并利用(7.4)和(8.3)式可知

$$-\frac{\partial}{\partial x^{0}}, \frac{\partial}{\partial x^{1}}, \frac{\partial}{\partial x^{2}}, \frac{\partial}{\partial x^{3}} \tag{8.5}$$

在洛伦兹变换中的变换方式像一个闵可夫斯基矢量.由于在量子力学中的物理量由厄米算符来代表,我们引入如下的厄米算符:

$$D^0=\frac{-1}{\mathrm{i}}\frac{\partial}{\partial x^0},\quad D^i=\frac{1}{\mathrm{i}}\frac{\partial}{\partial x^i}\quad (i=1,2,3),\tag{8.6}$$

那么 $D^\mu(\mu=0,1,2,3)$ 在洛伦兹变换中的变换方式和一个闵可夫斯基矢量的变换方式一样.

其次,我们考虑波函数在洛伦兹变换中的变换方式,由于电子的自旋是 $\frac{1}{2}$,根据 § 7.4 中的讨论,可知电子的波函数是一阶旋量,参考(7.128)式,可以提出如下的最简单的运动方程:

$$\sum_{\mu=0}^{3}\sum_{s=1,2}D^\mu\sigma_{\mu,r\dot{s}}\psi^{\dot{s}}=0.\tag{8.7}$$

引入符号

$$\psi=\begin{pmatrix}\psi^{\dot{1}}\\ \psi^{\dot{2}}\end{pmatrix},\tag{8.8}$$

可以将(8.7)式纳入矩阵的形式:

$$\mathrm{i}\frac{\partial\psi}{\partial t}=-(\boldsymbol{\sigma}\cdot\boldsymbol{p})\psi,\tag{8.9}$$

其中 $t=x^0$, $p_j=-\mathrm{i}\frac{\partial}{\partial x^j}(j=1,2,3)$是动量算符. 不难证明方程(8.9)式所描述的粒子的质量等于零. 将(8.9)式两端乘上算符

$$\mathrm{i}\frac{\partial}{\partial t}-(\boldsymbol{\sigma}\cdot\boldsymbol{p}),\tag{8.10}$$

就得到如下的方程

$$\Box\psi=0,\tag{8.11}$$

其中$\Box=\left(\frac{\partial}{\partial x^1}\right)^2+\left(\frac{\partial}{\partial x^2}\right)^2+\left(\frac{\partial}{\partial x^3}\right)^2-\frac{\partial^2}{\partial x^2}$是达朗贝尔算符. 在解方程(8.9)以后可以发现,它具有两类解. 一类解的能量是正的,粒子的自旋和动量 $\boldsymbol{p}$ 反平行. 另一类解的能量是负的,粒子的自旋和动量 $\boldsymbol{p}$ 平行. 因此波动方程描述的粒子具有自旋$\frac{1}{2}$,质量等于零,正粒子的自旋和动量反平行,反粒子的自旋和动量平行,这正是中微子的性质. 因此方程(8.9)式目前被用来描述中微子.

$\psi^{\dot{s}}\ (s=1,2)$是一个一阶复共轭逆变旋量,它给出洛伦兹群的表示 $D_{0\frac{1}{2}}$.

但是在空间反射之后，表示 $D_{0\frac{1}{2}}$ 的空间变换为表示 $D_{\frac{1}{2}0}$ 的空间，一阶复共轭逆变旋量变换为一个一阶协变旋量. 因此波动方程(8.7)虽然对于正洛伦兹变换具有不变性，但是对于空间反射并不具有不变性. 但是自由电子的运动对于空间反射具有不变性. 为了获得描述自由电子的波动方程，我们尝试将方程(8.7)扩充为和方程(7.128)和方程(7.130)相似的一对方程：

$$\left.\begin{aligned}\sum_{\mu=0}^{3}\sum_{s=1,2}D^{\mu}\sigma_{\mu,r\dot{s}}\,\psi^{\dot{s}}&=m\psi_r,\\ \sum_{\mu=0}^{3}\sum_{r=1,2}D^{\mu}\sigma_{\mu}^{\prime\,\dot{s}r}\psi_r&=m\psi^{\dot{s}},\end{aligned}\right\}\tag{8.12}$$

其中 m 是一个常数. 可以证明，(8.12)式不仅对于正洛伦兹变换具有不变性，对于空间反射也具有不变性. 现在波函数一共有四个分量：$\psi^{\dot{s}}\ (s=1,2)$，$\psi_r(r=1,2)$，它给出一个四维空间，这个四维空间中的矢量具有如下的一般形式：

$$\psi_1\boldsymbol{u}^1+\psi_2\boldsymbol{u}^2+\psi^{\dot{1}}\ \boldsymbol{v}_{\dot{1}}+\psi^{\dot{2}}\ \boldsymbol{v}_{\dot{2}},\tag{8.13}$$

其中$(\boldsymbol{u}^1,\boldsymbol{u}^2)$是给出表示 $D_{\frac{1}{2}0}$ 的基矢，$(\boldsymbol{v}_{\dot{1}}\boldsymbol{v}_{\dot{2}})$是给出表示 $D_{0\frac{1}{2}}$ 的基矢. 在空间反射时，根据公式(7.136)，(7.138)和(7.140)式，这些基矢作如下的变换：

$$\left.\begin{aligned}&\boldsymbol{PV}_{0\frac{1}{2}}=\boldsymbol{V}_{\frac{1}{2}0}, &&\boldsymbol{PV}_{0-\frac{1}{2}}=\boldsymbol{V}_{-\frac{1}{2}0},\\ &\boldsymbol{PV}_{\frac{1}{2}0}=\boldsymbol{EV}_{0\frac{1}{2}}, &&\boldsymbol{PV}_{-\frac{1}{2}0}=\boldsymbol{EV}_{0-\frac{1}{2}},\end{aligned}\right\}\tag{8.14}$$

如果我们取 $\boldsymbol{E}$ 为单位矩阵，那么从(7.40)，(7.41)和(8.14)式可以得到在空间反射时如下的基矢的变换

$$\left.\begin{aligned}&\boldsymbol{u}^1\to\boldsymbol{v}_{\dot{1}} &&\boldsymbol{u}^2\to\boldsymbol{v}_{\dot{2}},\\ &\boldsymbol{v}_{\dot{1}}\to\boldsymbol{u}^1 &&\boldsymbol{v}_{\dot{2}}\to\boldsymbol{u}^2.\end{aligned}\right\}\tag{8.15}$$

设在空间反射后的波函数是 ψ'_i 和 $\psi'^{\dot{s}}$，那么显然有：

$$\psi'_i=\psi^{\dot{r}},\qquad \psi'^{\dot{s}}=\psi_s.\tag{8.16}$$

此外，在空间反射中显然有

$$\left.\begin{aligned}&x'^0=x^0, &&x'^i=-x^i,\\ &D'^0=D^0, &&D'^i=-D^i\end{aligned}\qquad (i=1,2,3),\right\}\tag{8.17}$$

考虑到(7.131)式，可知在空间反射中，方程(8.12)变换为

$$\left.\begin{aligned}\sum_{\mu=0}^{3}\sum_{s=1,2} D^{\mu}\sigma'^{\dot{r}s}_{\mu}\psi_{s} &= m\psi^{\dot{r}}\,,\\ \sum_{\mu=0}^{3}\sum_{\dot{r}=1,2} D^{\mu}\sigma_{\mu,s\dot{r}}\,\psi^{\dot{r}} &= m\psi_{s}.\end{aligned}\right\}\tag{8.18}$$

这就证明了(8.12)式对于空间反射的不变性.引进如下的符号：

$$\psi=\begin{pmatrix}\psi_1\\ \psi_2\end{pmatrix},\quad \dot{\psi}=\begin{pmatrix}\psi^{\dot{1}}\\ \psi^{\dot{2}}\end{pmatrix},\tag{8.19}$$

可以将(8.12)式纳入如下的矩阵形式：

$$\left.\begin{aligned}\mathrm{i}\,\frac{\partial\dot{\psi}}{\partial t}+(\boldsymbol{\sigma}\cdot\boldsymbol{p})\dot{\psi} &= m\psi,\\ \mathrm{i}\,\frac{\partial\psi}{\partial t}-(\boldsymbol{\sigma}\cdot\boldsymbol{p})\psi &= m\dot{\psi}.\end{aligned}\right\}\tag{8.20}$$

可以证明,(8.20)式所描述的粒子的质量等于 m,将算符$\mathrm{i}\,\dfrac{\partial}{\partial t}-(\boldsymbol{\sigma}\cdot\boldsymbol{p})$作用于(8.20)式中第一式的两边,将算符 $\mathrm{i}\,\dfrac{\partial}{\partial t}+(\boldsymbol{\sigma}\cdot\boldsymbol{p})$作用于(8.20)中第二式的两边,就得

$$(\square-m^2)\psi=0,\quad (\square-m^2)\dot{\psi}=0.\tag{8.21}$$

可以将(8.20)式变换成狄拉克原来所提出的形式.为此我们引入表式：

$$\left.\begin{aligned}\psi^{(s)} &= \psi+\dot{\psi}=\begin{pmatrix}\psi^{\dot{1}}+\psi_1\\ \psi^{\dot{2}}+\psi_2\end{pmatrix},\\ \psi^{(a)} &= \psi-\dot{\psi}=\begin{pmatrix}\psi_1-\psi^{\dot{1}}\\ \psi_2-\psi^{\dot{2}}\end{pmatrix},\end{aligned}\right\}\tag{8.22}$$

那么就可以将(8.20)式写做

$$\left.\begin{aligned}\frac{\partial\psi^{(s)}}{\partial t}-(\boldsymbol{\sigma}\cdot\boldsymbol{p})\psi^{(a)} &= m\psi^{(s)}\,,\\ \mathrm{i}\,\frac{\partial\psi^{(a)}}{\partial t}-(\boldsymbol{\sigma}\cdot\boldsymbol{p})\psi^{(s)} &= m\psi^{(a)}.\end{aligned}\right\}\tag{8.23}$$

引入如下的四行四列矩阵：

$$\boldsymbol{\alpha}=\begin{pmatrix}0,\boldsymbol{\sigma}\\ \boldsymbol{\sigma},0\end{pmatrix},\quad \beta=\begin{pmatrix}\sigma_0, & 0\\ 0, & -\sigma_0\end{pmatrix},\tag{8.24}$$

并引入如下的分量波函数：

$$\Psi = \begin{pmatrix} \psi^{(s)} \\ \psi^{(a)} \end{pmatrix} = \begin{pmatrix} \psi_1 + \dot{\psi}^1 \\ \psi_2 + \dot{\psi}^2 \\ \psi_1 - \dot{\psi}^1 \\ \psi_2 - \dot{\psi}^2 \end{pmatrix}, \tag{8.25}$$

就可以将方程(8.23)中的两个式子合写为一式：

$$\mathrm{i}\,\frac{\partial \Psi}{\partial t} = (\boldsymbol{\alpha} \cdot \boldsymbol{p})\Psi + \beta m \Psi. \tag{8.26}$$

这就是狄拉克方程最初的形式.

§8.2 赝标量粒子的运动方程

赝标量粒子是一个自旋等于零、内禀宇称为负的粒子. 它的波函数给出顺时洛伦兹群的不可约表示 D_{00}^{-}，设以 φ 代表它的波函数，则 φ 满足如下的方程：

$$(\square - m^2)\varphi = 0, \tag{8.27}$$

m 为粒子的质量. 可以将(8.27)式改写为一次微分方程，引入

$$\mathrm{i}m\varphi^{\mu} = D^{\mu}\varphi, \tag{8.28}$$

那么(8.27)式就等同于如下的一对方程：

$$\left.\begin{aligned} D^{\mu}\varphi &= \mathrm{i}m\varphi^{\mu}, \\ g_{\mu\nu}D^{\mu}\varphi^{\nu} &= \mathrm{i}m\varphi. \end{aligned}\right\} \tag{8.29}$$

可以将(8.29)式纳入和狄拉克方程相似的形式，引入具有五个分量的波函数

$$\Psi = \begin{pmatrix} \varphi^0 \\ \varphi^1 \\ \varphi^2 \\ \varphi^3 \\ \varphi^4 \end{pmatrix}, \tag{8.30}$$

那么(8.29)式就可以写做

$$\left\{\sum_{\mu}\beta^{\mu}\frac{\partial}{\partial x^{\mu}}+m\right\}\Psi=0, \tag{8.31}$$

其中 β^{μ}是如下的五行五列的矩阵：

$$\left.\begin{aligned}
\beta_0&=\begin{pmatrix}0&0&0&0&-1\\0&0&0&0&0\\0&0&0&0&0\\0&0&0&0&0\\1&0&0&0&0\end{pmatrix},\quad \beta_1=\begin{pmatrix}0&0&0&0&0\\0&0&0&0&1\\0&0&0&0&0\\0&0&0&0&0\\0&1&0&0&0\end{pmatrix},\\
\beta_2&=\begin{pmatrix}0&0&0&0&0\\0&0&0&0&0\\0&0&0&0&1\\0&0&0&0&0\\0&0&1&0&0\end{pmatrix},\quad \beta_3=\begin{pmatrix}0&0&0&0&0\\0&0&0&0&0\\0&0&0&0&0\\0&0&0&0&1\\0&0&0&1&0\end{pmatrix}.
\end{aligned}\right\} \tag{8.32}$$

可以将(8.29)式改写为旋量方程的形式.不难证明,下列方程

$$\left.\begin{aligned}
m\varphi_{r\dot{s}}&=\frac{1}{\sqrt{2}}\sum_{\mu=0}^{3}D^{\mu}\sigma_{\mu,r\dot{s}}\,\varphi,\\
m\varphi&=\frac{1}{\sqrt{2}}\sum_{\mu=0}^{3}\sum_{r,s=1,2}D^{\mu}\sigma_{\mu}^{\prime\,\dot{s}r}\varphi_{r\dot{s}}
\end{aligned}\right\} \tag{8.33}$$

与(8.29)式一样.另外,也可以将麦克斯韦方程改写为旋量方程的形式,但不在此赘述了.

《北京大学物理学丛书》（已出版）

01 广义相对论引论（第二版） 俞允强
02 量子力学导论（第二版） 曾谨言
03 近代光学信息处理 宋菲君、S. Jutamulia
04 理论物理基础 彭桓武、徐锡申
05 高温超导物理 韩汝珊
06 数学物理方法（第二版） 吴崇试
07 原子核理论——它的深化与扩展 张启仁
08 李代数李超代数及在物理中的应用 韩其智、孙洪洲
09 电动力学简明教程 俞允强
10 特殊函数概论 王竹溪、郭敦仁
11 物理学中的非线性方程 刘式适、刘式达
12 固体物理基础（第二版） 阎守胜
13 现代半导体物理 夏建白
14 热大爆炸宇宙学 俞允强
15 数理物理基础 彭桓武、徐锡申
16 近代半导体材料的表面科学基础 许振嘉
17 物理宇宙学讲义 俞允强
18 量子力学原理（第二版） 王正行
19 电动力学及狭义相对论（第二版） 张宗燧
20 热力学（第二版） 王竹溪
21 超弦史话* 李 淼
22 等离子体理论基础 胡希伟
23 晶格动力学理论 〔德〕玻恩、黄昆著 葛惟琨、贾惟义译
24 有限晶体中的电子态：Bloch 波的量子限域 任尚元
25 软物质物理学导论 陆坤权、刘寄星
26 信息光子学物理 宋菲君、羊国光、余金中
27 原子论的历史和现状——对物质微观构造认识的发展* 关 洪
28 热力学与统计物理学 林宗涵
29 高等量子力学（第三版） 杨泽森
30 非线性光学物理* 叶佩弦
31 太赫兹科学技术和应用 许景周、张希成
32 核反应堆动力学基础（第二版） 黄祖洽
33 原子的激光冷却与陷俘* 王义道
34 现代固体物理学导论 阎守胜
35 简明量子场论 王正行
36 黑洞与时间的性质* 刘辽、赵峥、田贵花、张靖仪
37 群论和量子力学中的对称性 朱洪元

注：加“*”为《理论物理专辑》